育儿知"道"

0—12个月宝宝养育

王鹤颐 著

中国海洋大学出版社

· 青岛 ·

图书在版编目(CIP)数据

育儿知"道":0—12个月宝宝养育／王鹤颐著
. -- 青岛:中国海洋大学出版社,2023.11
ISBN 978-7-5670-3692-5

Ⅰ.①育… Ⅱ.①王… Ⅲ.①婴幼儿－哺育 Ⅳ.
①TS976.31

中国国家版本馆 CIP 数据核字(2023)第 205617 号

育儿知"道":0—12个月宝宝养育
YU'ER ZHI "DAO" : 0—12 GE YUE BAOBAO YANGYU

出版发行	中国海洋大学出版社			
社　　址	青岛市香港东路 23 号		邮政编码	266071
出 版 人	刘文菁			
网　　址	http://pub.ouc.edu.cn			
订购电话	0532－82032573(传真)			
责任编辑	姜佳君		电　　话	0532－85901040
印　　制	青岛海蓝印刷有限责任公司			
版　　次	2023 年 11 月第 1 版			
印　　次	2023 年 11 月第 1 次印刷			
成品尺寸	170 mm ×240 mm			
印　　张	13			
字　　数	210 千			
印　　数	1—2800			
定　　价	89.00 元			

发现印装质量问题,请致电 0532-88785354,由印刷厂负责调换。

自序
育儿是改变思维的智慧

　　新生命总是带来无尽的喜悦和希望。他标志着新的开始,充满着无限的可能性,预示着美好的未来。一个新生命的降临,意味着一份珍贵的礼物被赐予我们。他让我们重新审视世界,重新定义生命的意义和价值。通过这个小小的生命,我们看到了创造的力量和奇迹。

　　新生命带来的不仅仅是喜悦,还有一份无条件的爱和关怀。从这个小小的生命中,我们感受到了爱的真谛和温暖。我们会以无微不至的关怀,呵护这个小小的生命,让他健康快乐地成长。

　　新生命的美好还在于,他带给我们无尽的希望和信心。他象征着未来,代表着新的开始。从这个新的生命中,我们看到了无限的潜力和可能性,我们愿意为他付出一切,为他创造更加美好的未来。

　　因此,新生命的美好是无与伦比的。他让我们重新认识生命的意义和价值,让我们感受到爱和关怀的力量,让我们拥有无尽的希望和信心。他是一个奇迹,是人类最为珍贵的礼物之一。

　　进入 2000 年后的新纪元,随着科技不断发展,宝宝的照护者往往出现一些"浮躁"的行为,不是技能跟不上了,而是知识和思维跟不上了。主要表现在以下几个方面:

　　(1)忽视宝宝的情感需求。一些照护者忙于工作和生活,对宝宝的情感需求缺乏关注,不注意与宝宝的交流,这样会让宝宝感到孤独和失落。

(2)过分关注宝宝的身体状况。一些照护者过分关注宝宝的身体状况,却忽略了宝宝的心理健康。比如,一些照护者在宝宝发烧时,只关注退烧,忽略了宝宝的情绪和心理状态。

(3)过度担心宝宝的安全。一些照护者过度担心宝宝的安全,不敢让宝宝接触一些可能存在风险的事物,限制了宝宝的活动范围,这样会让宝宝的成长和发展受到阻碍。

(4)疏于关注宝宝的成长和发展。一些照护者忙于自己的生活和工作,疏于关注宝宝的成长和发展,缺乏提供适当的刺激和培养宝宝的机会,这样会影响宝宝的智力和认知发展。

这些浮躁的行为,可能会影响宝宝的身心健康和全面发展。照护者应该意识到这些问题,及时改正不良的行为习惯,给予宝宝足够的关注和支持,建立稳定、温馨、和谐的家庭氛围,让宝宝在良好的环境中健康成长。

"智慧"和"聪明"是两个不同的概念,它们虽然有相似之处,但也存在一些差异。简单来说,智慧强调的是人生的哲学思考,聪明则更注重实用的技能和知识。

智慧是指对生活的深刻认识和理解,它是人类经验的结晶。智慧追求的是人生的真谛,是一种对人类存在的深刻思考和领悟。智慧强调的是一种超越常识和经验的深度理解,是一种对人生意义的探索和思考。智慧超越短期目标,而追求更广阔、更深刻的人生意义。

聪明则更强调实用的技能和知识。聪明是指人们运用理智和能力去解决问题和应对挑战的能力。它是与日常生活密切相关的能力,如逻辑推理、语言能力、数学思维等。聪明更加强调实用性,注重解决当下的问题和达成当下的目标。

育儿的重点在于思维的转变。大多数家庭提到生孩子、带孩子,首先想到这是人类的本能,按照想象、经验带娃;条件比较好的家庭会选择聘请月嫂或者育婴师带娃。但是,人们非常容易忽略的是"亲子关系"的重要性,因此需要第一个重要的思维转变。亲子关系是指父母和孩子之间的情感纽带和相互作用。它对孩子的身心健康和成长发育有着至关重要的影响。亲子关系影响孩子的心理健康。亲密的亲子关系可以为孩子提供安全感和支持,有助于孩子建立健康的自尊心和自信心,从而减少可能的情感问题和精神障碍。亲子关系影响孩子的情感发展。亲密的亲子关系可以促进孩子的情感发展和社会能力的建立。孩子通过与父母的互动,学会与他人交往、理解和表达自己的情感,从而形成更健康的情感和社交技能。亲子关系影响孩子的学习成绩。良好的亲子关系可以促进孩子形成学习兴趣和动力,有助于他们养成良好的学习习惯,获得良好的学业表现。亲子关系影响孩子的行为发展。父母的行为和态度可以影响孩子的行为,良好的亲子关系有助于孩子形成良好的行为。

　　第二个重要的思维转变是从"头疼医头,脚疼医脚"的思维转变成因果思维。宝宝出现问题时,照护者往往都会想到直接处理这个问题。例如,宝宝长疹子了,就直接处理疹子;宝宝哭了,就赶紧喂奶"堵"住他的嘴巴;宝宝不睡觉,就买个"哄睡神器"……许多照护者不会想到大多数疹子的处理要从调节肠道着手;宝宝哭了要先做"哭闹识别",再进行护理,不能简单地"堵"住嘴巴;宝宝不睡觉的原因是吃多了,是肚子胀气难受,还是根本就不困?……本书将从宝宝身心特点着手来介绍如何解决0—12个月宝宝的问题。

　　《道德经》是中国古代哲学家老子的一部经典著作,共计五千余言,分为81章,是中国文化宝库中的重要组成部分。其主要思想可以概括为道、德、无为、自然等。我们从中也可以洞察到关于育儿的关键信息,这对于宝宝的照护具有重要作用。这些年,我接触了众多家庭,其中有大量的"70后""80后""90后"成年人以及处于青春期的孩子。我发现大家虽然对于古代典籍越来越感兴趣,对古人的智慧感兴趣,对引经据典这个行为感兴趣,但是往往在"知行合一"上出现偏差。结合这类人群的认知和兴趣,我写了本书。希望本书能够让父母不再手忙脚乱,狼狈不堪,口渴了才想起挖井,上阵了才想起磨枪;希望本书让宝宝从最初就能够接受科学的喂养、教育。伴随宝宝的成长,更重要的是照护者的成长。作为孩子的第一任老师,父母是人生中最有成就感和挑战性的角色之一。父母都希望为自己的孩子提供最好的照护,但在浩如烟海的信息中穿梭,可能会让人不知所措。《道德经》的智慧所在就为我们提供了一个独特的育儿视角,可以提高我们的育儿能力。你无论是正在寻找一份关于0—12个月科学育儿方法的综合指南,还是对通过每月的"里程碑"优化宝宝的早期教育感兴趣,都可以从《道德经》里找到宝贵的见解和实用的建议。在本书各章中,我们将从探讨《道德经》入手,帮助你成为更好的照护者,为宝宝的成长和发展创造有利的环境。

目录

概述

古今育儿对比

古今育儿方式在很多方面存在不同。以下是古今育儿的主要区别。

家庭结构 古代家庭大多为多代同堂或核心家庭,而现代家庭普遍为小家庭,这关系到育儿方式的不同。

教育方式 古代父母普遍采用传统的严厉管教方式,注重孩子的服从性和纪律性;而现代父母更注重孩子的自主性和创造力,多采用鼓励和引导的方式。

社会环境 古代社会多受封建思想影响,社会环境较为封闭,父母更强调孩子的家族地位和社会地位;而现代社会环境更开放、更多元化,父母更注重孩子的个性发展和全面发展。

媒体影响 古代父母更多地从传统文化和家族传统中获取育儿智慧;现代社会中各种媒体广泛流行,父母的育儿方式受到电视、网络等媒体的影响更大。

知识储备 古代父母更多地从生活经验和祖辈的教诲中获取育儿智慧;现代父母更加注重科学,经常参加育儿培训和阅读育儿书籍。

古今育儿方式尽管存在很多不同,但在有些方面是共通的。以下是古今育儿的主要相同点。

父母对孩子的爱和关心 古代和现代父母都会对自己的孩子给予爱和关心,希望他们健康成长。

重视孩子的教育和培养 古代和现代父母都会给予孩子教育和培养,希望他们能够成才。

引导孩子的行为和价值观 古代和现代父母都会引导孩子的行为和价值观,希望他们成为对社会有用的人。

满足孩子的基本需求 古代和现代父母都会尽力满足孩子的基本生活和心理需求,帮助他们健康成长。

培养孩子的品德和道德观念 古代和现代父母都会帮助孩子培养正直、诚实、勇敢、仁爱等品德和道德观念。

《道德经》中的自然平衡原则对于育儿有非常重要的意义。

首先,自然平衡原则提醒父母要尊重孩子的自然需求,让孩子在自然的环境中成长,而不是强制孩子适应父母的期望和规划。同时,自然平衡原则也强调适度和平衡的重要性,提醒父母在引导孩子成长的过程中要注意度的把握,避免过度干预和过度保护。

其次,自然平衡原则提醒父母要顺应自然规律,尊重孩子的个性和天赋,不要强行塑造孩子的性格和能力。每个孩子都有独特的天赋和发展轨迹。父母的任务是提供有利于孩子成长的环境和条件,而不是试图改变孩子本身。

再次,自然平衡原则也提醒父母要保持心境的平衡,不要因为孩子的问题而过度担忧和焦虑。在育儿过程中,父母可能会遇到各种问题和挑战,只有保持平衡和冷静的心态,才能更好地应对问题和挑战,帮助孩子成长。

因此,按照《道德经》中的自然平衡原则,父母要顺应自然、尊重孩子、适度引导,让孩子在健康的环境中成长。但是,有的人认为顺其自然是靠天性和感觉任其"野蛮生长",能不能踏上主动"觉醒"和科学成长的道路全看运气。翻开本书,去真正了解育儿的秘密,你会发现,只要遵循科学的方法,坚持知行合一,"带娃"真的没有那么难。

第一章 | 宝宝,你好

谷神不死,是谓玄牝。玄牝之门,是谓天地根。绵绵若存,用之不勤。

——《道德经》第六章

释义/

谷神是道家内丹学说中人体生命所需的能量、物质的代称,亦称"谷气""后天气"。古代养生理论认为,人生命过程中所需要的能量主要取自五谷,自然界的五谷及其他植物在生长过程中不断吸取宇宙间各种能量、物质,用于自身生长,在体内积聚,这种能量、物质积聚达到一定密度之后,就成为种子或果实。人或其他动物吃了植物的根、茎、叶或果实,通过在体内消化、分解,排出废料,留下能量,供生命活动消耗。就是这样不断吸收与消耗,构成了"生命"这一运动的形式。

古人认为,天地之间的各种生命体对能量、物质的吸收与散放既不是同类型的,也不是同步的,其中存在着相互转换的问题。就某一个生命体而言,能量、物质的运动可能终止,但就整个宇宙来讲,能量、物质的运动是永远不会停止的,故称为"不死"。用今天的语言来解释,就是能量守恒定律。

牝,指雌性,是孕育生命的母体。古人认为,清轻之气上升而成为天,故属阳;重浊之质下降而成为地,故属阴。老子认为,正是以上原因造就了天地,故谓"天地根"。

不勤,即不觉辛苦。老子意识到能量、物质运动的真实性和永恒性,故说"绵绵若存,用之不勤"。

《道德经》第六章主要探讨"玄牝"的概念。这里的"玄牝"可以理解为生命之源、大自然的力量、无穷的能量和无尽的生命力。《道德经》认为,玄牝是天地万物的根源,是一种永不耗竭的力量和资源。通过运用玄牝,人们可以获得无限的力量和资源。这也可以理解为一种自然平衡的观念:通过与大自然保持平衡,人们才能够获取更多的资源并实现自我发展。

(本书对《道德经》的释义参考:《〈道德经〉求真》,诚虚子、崔信阳释,青岛出版社2012年8月出版。)

育儿/

从育儿的角度看，《道德经》的这一章可以理解为提醒父母要尊重孩子的天性和生命力，并帮助他们发展自身的潜能。同时，也要遵循自然规律，不要逆自然而为，要让孩子能够自然成长，成为真正的自己。

新生儿脱离母体，离开了生命之源"玄牝"，从生理角度讲是进入了一个新的发育阶段；从心理角度讲，宝宝需要做好适应新环境的心理准备。他们在成长过程中必然会受到心理上的刺激和伤害，父母要遵循自然规律育儿。

接下来，我们从现代的角度来看看宝宝吧。

一 新生儿的生理特点

新生儿是指出生后未满 28 天的婴儿,他们有以下特点。

(一)头部较大

新生儿头部相对身体较大,其质量占据体重的 1/4 ~ 1/3,这是因为他们的神经系统正在快速发育。

头围 宝宝的头围通常会在出生后迅速增加。新生儿头围的正常范围是 34 ~ 38 厘米。头围的增加表明宝宝的神经系统正在快速发育。

颅骨的生长 宝宝的颅骨是由若干骨头组成的软骨,随着时间的推移会逐渐变硬。颅骨的生长是与神经系统的发育密切相关的。

扁头综合征 扁头综合征是宝宝在躺卧的姿势下,头部受到压迫而导致的头部形状扁平化的症状。为避免扁头综合征,建议在宝宝清醒状态下多次改变其头部的朝向,并让宝宝有充足的"腹部时间",即趴着的时间。

颈部肌肉发育 宝宝的颈部肌肉发育对头部的稳定性非常重要。在出生后几周内,应该让宝宝进行头部抬起和左右转动的锻炼,以帮助他们的颈部肌肉得到充分活动。

(二)骨骼柔软

新生儿的骨骼比成人的要柔软,这是因为它们尚未完全钙化,颅骨片之间未接合,从而使得头部更容易通过产道。

柔软的骨骼更易受伤 宝宝柔软的骨骼容易受到外部冲击而受伤。所以,在照顾宝宝时,一定要特别小心和细心,尽可能避免宝宝碰撞和跌倒。

建议喂养母乳 母乳中含有宝宝成长所需的营养物质,尤其是母乳中的钙更易被宝宝吸收,可以促进宝宝的骨骼发育。

避免过度扭转宝宝的身体 宝宝柔软的骨骼特别容易受到过度扭曲和旋转的影响。因此,在做搂抱宝宝、更换宝宝尿布等动作时,应该轻柔、缓慢,并且避免过度扭曲宝宝的身体。

做促进骨骼发育的活动 宝宝的骨骼发育需要适当的刺激和锻炼,比如,轻轻地给宝宝按摩,帮助宝宝进行适当的运动,有助于促进宝宝的骨骼和肌肉发育,提高宝宝的体能和运动协调能力。

总之,宝宝柔软的骨骼需要得到特别的关注和照顾。照护者应该采取一系列的措施来保护宝宝的骨骼健康,促进宝宝身体的正常发育。

(三)原始反射

原始反射是指宝宝在出生后不久,由于神经系统发育的原因,身体自然而然产生的一些反射性动作。这些反射性动作是宝宝身体的自然反应,而非有意识的行为。以下是宝宝原始反射的一些特点和相关注意事项。

吸吮反射 宝宝有吸吮的需求。当奶嘴、乳头或手指等刺激口腔区域时,宝宝会自然地吸吮。这种反射在出生后的前几个月非常强烈,之后会逐渐减弱。

摸索反射 宝宝会张开手掌,用手指轻轻摸索物体。这种反射通常会在出生后的前几个月内存在,在宝宝约 3 个月大时逐渐消失。

吞咽反射 食物会引起宝宝的吞咽反射。这种反射在出生后的前几个月非常强烈,之后会逐渐减弱。

咳嗽和打嗝反射 当宝宝吃奶或呼吸时,如果有食物进入气管或有气体进入胃,宝宝会自动咳嗽或打嗝,以防止食物或气体影响呼吸或消化。这种反射在出生后的前几个月非常强烈,之后会逐渐减弱。

眨眼反射 宝宝的眼睛会自动闭合,以防止异物进入眼睛。这种反射在出生后的前几个月非常强烈,之后会逐渐减弱。

跳跃反射 当宝宝突然受到噪声、颠簸等外界刺激时,手和脚会自动跳动,以抵消身体的不稳定。这种反射在出生后的前几个月非常强烈,之后会逐渐减弱。

步态反射 当宝宝的脚底触地时,宝宝会自动迈步,仿佛在行走。这种反射通常在出生后的前 2 个月内存在,之后逐渐消失。

摆臂反射 宝宝被抱起时,会自动摆臂,以保持身体的平衡。

搜寻反射 脸颊被轻触时,宝宝会自动转向碰触所在的方向,搜寻奶嘴或乳头。

呕吐反射 宝宝吃进的食物超过胃部的容量时,呕吐反射会被触发。

足趾反射 足底被刺激时,宝宝会自动弯曲脚趾。

惊跳反射 这是较常见的原始反射之一,也被称为摆动反射。它是指宝宝受到突然的刺激时,会猛然抬起手臂和腿,然后猛然收回。这种反射通常会在出生后的前 3 个月内存在,之后逐渐消失。惊跳反射的作用是帮助宝宝保护自己,防止受到突然的刺激或威胁时受伤。

强直性对称性反射 这是指当宝宝的头部转向一侧时,与之同侧的手臂和腿会同时伸直,另一侧的则会弯曲。这种反射通常会在出生后的前 2 个月内出现,之后逐渐消失。

强直性非对称性反射 这是指当宝宝的头部转向一侧时,与之不同侧的手臂会伸直,另一侧的手臂会弯曲。这种反射通常会在出生后的前 2 个月内出现,之后逐渐消失。

强直性对称性反射和强直性非对称性反射的作用是帮助宝宝锻炼头部和手臂的协调性,促进运动机能发展。当宝宝在睡眠中或者被放置在侧卧位时,这两种反射就会出现。如果宝宝的强直性对称性反射或者强直性非对称性反射存在异常,比如出现在宝宝本应放松的时候或消失得过早或过晚,可能需要进行进一步的检查和治疗。

(四)睡眠时间长

新生儿的睡眠时间是很长的。通常情况下,新生儿每天需要 16 ～ 17 小时的睡眠,但这些时间并不是连续的。因为新生儿的胃很小,不能一次吃太多,所以他们需要频繁地进食,每天需要进食 8 ～ 12 次。这就导致新生儿在白天和夜晚都要醒来进食,不会形成较长时间的连续睡眠。

宝宝的睡眠周期是指从一次睡眠开始到下一次睡眠开始的时间间隔。新生儿的睡眠周期比较短,通常为 20 ～ 50 分钟,而成年人的睡眠周期为 90 分钟左右。宝宝在成长的过程中,睡眠周期会逐渐延长,同时睡眠的深度也会增加。一般来说,新生儿的睡眠需要经过 4 个阶段:清醒期、浅睡眠期、深睡眠期和快速动眼期。在清醒期,宝宝会比较活跃,有各种动作和表情,同时还会注意到周围的声音和光线等刺激。在浅睡眠期,宝宝的呼吸和心率会加快,眼睛会偶尔眨动,手脚会不断地动。在这个阶段,宝宝很容易被外界的噪声或者轻微的触摸惊醒。在深睡眠期,宝宝的呼吸和心率较慢,身体处于放松状态,眼睛闭合,手脚不动。在这个阶段,宝宝比较难被外界的刺激惊醒。在快速动眼期,宝宝的眼球会做快速的运动,大脑也比较活跃。这个阶段也是宝宝做梦的时候。深睡眠期和快速动眼期对于宝宝的身体尤其是大脑发育都有着重要的作用。

新生儿的睡眠时间长,但是睡眠质量不一定很好。新生儿常常会被饥饿、害怕或不适(如尿布需要更换)等因素打扰而影响睡眠。因此,需要给予宝宝足够的关注和照顾,创造适宜的睡眠环境,帮助他们养成良好的睡眠习惯,建立良好的睡眠节律,从而提高睡眠质量。

(五)营养需求高

1. 新生儿的营养需求

新生儿需要足够的营养来支持身体的生长和发育,特别是需要高蛋白、高脂肪和高碳水化合物的饮食。

蛋白质 蛋白质是新生儿生长和发育所必需的营养物质,对于大脑等器官和肌肉的发育都非常重要。新生儿每天每千克体重约需要 2.2 克蛋白质。

脂肪 脂肪是新生儿身体所需能量的重要来源,也有助于维持身体的温度和保护器官。新生儿每天每千克体重约需要 4 克脂肪。

碳水化合物 碳水化合物是新生儿的主要能量来源。新生儿每天每千克体重约需要 10 克碳水化合物。

矿物质和维生素 新生儿需要获得足够的矿物质和维生素来支持身体的生长和发育。例如,钙和维生素 D 对于骨骼发育至关重要,铁和维生素 B 对于红细胞的形成和功能至关重要。

水分　新生儿需要足够的水分来支持身体的正常功能,维持身体的水平衡和正常的体温。新生儿的肾脏和代谢系统尚未完全发育成熟,因此他们需要更频繁地进食,以避免脱水。

虽然宝宝对营养的需求非常高,但是照护者不需要通过喂水或者营养品等辅助措施来帮助宝宝补充营养。母乳富含宝宝需要的各种营养,这一点是配方奶永远无法企及的。

2. 母乳的营养成分

母乳是新生儿最理想的食品,含有多种营养物质,包括蛋白质、脂肪、碳水化合物、矿物质和维生素。

蛋白质　母乳中的蛋白质种类和含量都比较适宜新生儿的需要,易于消化和吸收,有助于新生儿生长发育。母乳中的蛋白质主要是 α- 乳白蛋白、β-乳球蛋白和清蛋白等。

脂肪　母乳的脂肪含量比较高,主要包括三酰甘油、磷脂和胆固醇等。脂肪是新生儿脑部发育所需的重要营养物质,同时还能提供热量。

碳水化合物　母乳的碳水化合物含量较低,但是它们的结构比较简单,易于消化吸收。母乳中主要的碳水化合物是乳糖。

矿物质和维生素　母乳中含有丰富的矿物质和维生素,如钙、铁、锌、维生素 A、维生素 D 等。这些物质对于新生儿的生长、免疫力和智力发育都有重要作用。

此外,母乳还含有免疫球蛋白、酶和激素等生物活性物质,可以帮助新生儿增强免疫力、预防疾病。

3. 配方奶与母乳相比的不足之处

虽然配方奶可以提供新生儿所需的营养,但它与母乳相比有以下几个不足之处。

成分固定　母乳的成分是动态变化的,可以根据宝宝生长发育的需要进行调整。而配方奶的成分是固定的,无法根据宝宝的生长发育同步调整,可能无法提供宝宝所需要的充足营养。

免疫保护性差　母乳含有丰富的抗体和免疫细胞,可以帮助宝宝预防和抵御疾病，而配方奶缺乏这些免疫保护成分。

消化吸收性差　母乳的蛋白质、脂肪和碳水化合物成分比例适宜，易于宝宝消化和吸收。而配方奶的营养成分比例可能不够科学，宝宝难以充分消化和吸收其中的营养成分。

不易调配　配方奶必须按照科学的方法和步骤调配，如严格遵循水与奶粉的比例，注意冲调用水的温度和器具的消毒，否则易导致宝宝营养不良、代谢负担重、感染病菌等问题。

因此，母乳被认为是新生儿的最佳食品。尽可能进行母乳喂养，为宝宝提供最优质的营养和免疫保护。如果无法进行母乳喂养，选择适合宝宝月龄和健康状况的配方奶也可以为宝宝提供必需的营养。

（六）对环境敏感

新生儿对环境非常敏感，毕竟他们刚刚来到这个世界，对周围的一切都非常陌生。以下是新生儿较为敏感的几个环境因素。

噪声　新生儿对噪声特别敏感，尤其是突然的、音量大的噪声，可以引起他们的惊恐反应，从而使他们哭闹、不安或难以入睡。

光线　新生儿的眼睛对光线非常敏感，他们喜欢光线柔和的环境，而强光会刺激他们的眼睛，引起不适和流眼泪。

气味　新生儿对气味的敏感度非常高，尤其是刺激性气味会引起他们的不适，例如烟味、香水味。

温度　新生儿对温度的适应能力还不够完善，他们需要在恒温环境下生活。过高或过低的温度会使他们感到不适甚至生病。

触感　新生儿对触感的敏感度也很高，他们喜欢温暖、柔软的触感，而冰冷的手、硬床垫等则会让他们感到不适。

因此，对于新生儿，要尽量创造舒适、温暖、柔和、安静的氛围，让他们在安心、放松的环境中成长，避免刺激性的噪声、强光、异味等。

二
0—12 个月宝宝的
主要特点

宝宝日渐成长,我想先让大家对宝宝每个月龄以及每个阶段的成长、发育、行为等特征有系统的了解。作为父母,要提升自己的掌控能力,那么,先让我们站得高一点吧!

宝宝出生后的第一年是他们快速发展的时期。表 1-1 和表 1-2 所列出的是宝宝在 1 岁之内各个月份的主要表现和发展情况。

表 1-1　0—6 个月宝宝的主要表现和发展情况

月龄	饮食	躯体	感觉	语言	其他行为
1	母乳	抬头较少,双手常握拳,双脚伸直	对声音、光线、温度变化等有反应	能发出类似"咕咕"的声音	喜欢吮吸拳头,能做出一些面部表情
2	母乳	能自由转动头部,颈部变得更加稳定	对人和物体有视线跟随反应	能发出不同音调的声音	喜欢看彩色玩具,能做出微笑和咯咯笑的表情
3	母乳	能仰躺抬头看东西,能用手抓住物体	对声音、光线、温度变化等有更强烈的反应	能发出"啊啊""呀呀"等带有语调的声音	视线喜欢跟随人的面部表情,能在地上打滚
4	母乳	能翻身,能坐着	对颜色、形状、大小有更强的认知	能模仿他人的语调,开始发出"嗯嗯""哦哦"等音节	喜欢观察和模仿周围的人,能自己抓住和拍打玩具
5	母乳或母乳+辅食	能用手指捏住物体	对周围的人和事物有更浓厚的兴趣	能发出"爸""妈"等简单的音节	喜欢拍手,能够坐起来玩玩具

月龄	饮食	躯体	感觉	语言	其他行为
6	母乳＋辅食	能借助外物用手拉起自己的身体，能爬	对声音、光线、温度变化等有更加敏锐的反应	能说出简单的词语	喜欢用手探索周围的事物，能将玩具从一只手上转移到另一只手上

表 1-2 7—12 个月宝宝的主要表现和发展情况

月龄	饮食	其他行为
7	开始接受更多的固体食物，但仍以母乳或配方奶为主食；会自己拿起食物并尝试吃，但仍需要他人的协助	开始学会爬行、坐稳并试图站立
8	可以尝试种类更丰富的食物，如面条、蛋；可以提供小碗和小勺，让他们自己动手吃饭	开始学会更多的动作，如站立、扶着物体行走
9	可以尝试更多种食物，包括肉类、鱼类、水果	开始学会更多的语言，可以发出简单的"妈妈""爸爸"等词；开始学会走路，并且身体平衡能力和协调能力逐渐提高
10	可以尝试更多的饭菜，并且开始学会使用勺子；可以准备磨牙棒等帮助他们练习咀嚼	身体协调能力逐渐提高，可以爬上沙发、床等
11	可以尝试更多的碎肉、蔬菜和水果，逐渐适应家庭饭菜的味道和口感；应注意防止宝宝吃太多零食或甜食	开始学会更多的动作，如行走、跳跃、奔跑
12	可以尝试成人饭菜；要注意避免给宝宝饭菜加盐和糖，注重宝宝营养均衡，并且培养他们的良好饮食习惯	已经可以行走、奔跑和爬上爬下，动作协调性和平衡能力也逐渐提高

第二章 | 1个月宝宝如何养育

载营魄抱一，能无离乎？专气致柔，能婴儿乎？涤除玄览，能无疵乎？爱民治国，能无为乎？天门开阖，能为雌乎？明白四达，能无知乎？生之畜之，生而不有，为而不恃，长而不宰，是谓玄德。

——《道德经》第十章

释义

古代医学理论认为，人体除了有五脏六腑、头、身躯、四肢等有形系统外，还有许多无形的系统，如魂、魄、营、卫、经、络等。营是指人体的能量输运系统，卫是指人体抵抗外侵的防御系统，魂、魄则属于人体维系元神的阴阳属性不同的两种系统。这些系统，有的"有气无血"，有的"有血无气"。当人体处在健康状态时，这些系统紧密地结合在一起，各尽其能，互相协调；当一个人生命垂危时，这些系统不能相互协调，纷纷离散。

在古代养生术中有一门"吐纳"功，其基本理论是人通过对呼吸的调整和锻炼，使之返还到出生之前在母体内的状态，亦称之为"胎息"或"体呼吸"。练功时要专心地导引行气。呼吸经过锻炼后可以做到柔、细、轻、慢、匀、轻若细丝、绵绵若无，以达到健康长寿的目的。因而后人称此功为"气功"。

"婴儿"指在母体内的生命体。古代养生理论认为，人在母体内时，其生存形式处于"先天状态"；一旦离开母体，就改变了生存形式，用肺呼吸，采食五谷，形成了"后天状态"。老子在这里用"婴儿"单单指喻"返还到先天状态"。

你身体中所有的器官和系统都能像现在这样不分离吗？吐故纳新达到相当高的程度的人就可以回到"婴儿"状态吗？即使具有天分的人，练功除了"魔障"之外，就不会遇到其他问题了吗？当然不是。人从出生开始就面临大千世界的各种问题，而天地万物皆分阴阳，我们观察事物不可以只看到或者承认有形的部分而忽略无形的部分。对事物的宏观和微观、现象和本质都能做出正确理解的人，才是具备管理和掌控的资格的人。但是自然界往往孕育了万物却不会去控制与支配万物，这种默默奉献的精神是很高深的德。

育儿/

万事万物的发展必将经历一个"生—盛—衰—亡"的过程。人生的起点也是终点。能够了解事物本质的"道"并将其应用于育儿,将会避免走很多弯路。成为父母之后,如果能够深刻体会《道德经》本章的内容,便会从容很多。

下面我们从现代科学角度详细讲述照护1个月宝宝应该如何做到原理与技术的结合吧!

$$\Bigg[\;\text{一}\;\Bigg]$$

养育环境

迎接宝宝回家前,要营造适合宝宝生活的环境。胎儿期,宝宝在妈妈子宫里感受到的是羊水的体感,手脚都可以很容易地触摸到子宫壁,宝宝能感受到充分的安全感。宝宝出生之后,环境发生了改变,应尽可能地让宝宝感到足够安全。

(一)卫生

迎接宝宝回家前,应确保家里干净,没有过多灰尘和变应原。使用安全的清洁产品定期清洁地板、地毯和家具。

如果家中有宠物,需要特别注意以下事项。

保持卫生 及时清理宠物的大便和尿液,保持房间的清洁和卫生。

安全隔离 为了保证宝宝的安全,可以将宠物安全隔离。尽量缩小宠物在家中活动的区域,可以在家中设置限制区域,让宠物远离宝宝的生活区域。比如,在家中设置一个单独的房间或者一个宠物围栏,让宠物在其中活动,避免宠物与宝宝接触。如果需要照顾宠物,可以请其他家庭成员或者专业的宠物照顾人员帮忙。

洗手消毒 宠物的毛发、口腔和爪子上都可能存在细菌和病毒,与宠物接触后一定要及时洗手消毒。尽量避免让宠物舔宝宝的脸和手,以免传播疾病。

宠物训练 在宝宝出生前,可以对宠物进行一些训练,如禁止宠物进入宝宝的房间、禁止宠物咬宝宝的玩具等。这样有助于减少宠物与宝宝接触的机会,降低风险。

总之,需要慎重考虑宠物与宝宝相处的问题。为了宝宝的安全和健康,需要提前做好准备工作,采取适当的措施,确保宠物与宝宝之间的接触最少化。

（二）温度

室温过高或过低都会影响宝宝的舒适度和健康。在宝宝回家前,建议调整室温到适宜的范围。

通常来说,新生儿适宜的室温范围是 20 ℃～24 ℃。夏天,可以通过使用空调、电扇等方式降低室温;冬天,可以使用暖气、电热毯等升高室温。需要注意的是,无论是降低室温还是升高室温,都应该避免室温突然的变化,以免对宝宝的健康造成不良影响。

此外,也可以使用室内温度计来监测室温,保证室温在适宜范围内。对于居住在气温变化较大的地区的家庭来说,可以根据季节调整室温,以保证宝宝的舒适度和健康。

（三）湿度

湿度是指空气中水蒸气的含量,对于宝宝的健康非常重要。一般来说,新生儿所处的室内湿度应该控制在 50%～60%,这样既可以保持室内空气湿润又不过于潮湿。

过低的湿度会导致宝宝的皮肤干燥、瘙痒和易受感染,甚至还可能引起呼吸道感染等问题。过高的湿度则容易滋生细菌和霉菌,提高宝宝患上呼吸道疾病的风险。

为了保持室内湿度适宜,可以使用加湿器或者空气净化器,也可以在室内放置湿度计监测湿度,并及时调整。另外,注意室内通风,保持空气流通也有助于控制室内湿度。

（四）照明

光照强度　新生儿的视网膜和大脑皮质尚未发育完全,对于光照的敏感度较高。因此,室内的光照应该比较柔和,光照强度不宜过大。可以使用遮光窗帘或者调节灯光的亮度来达到合适的光照强度。

光照方向　光线的方向也很重要。对于新生儿来说,光线最好是从天花板或者墙壁上的反光面反射而来,这样可以减少直射眼睛的光线,避免对眼睛造成刺激。

光照时间　新生儿对于黑暗和光亮的适应能力较差,因此建议尽可能使室内的照明与自然光保持一致。例如,早晨和中午时保持较为明亮的光线,晚上则应保持相对柔和的光线。此外,在夜间喂奶或者换尿布时,可以使用光线比较柔和的小夜灯,避免光线过强或光照时间过长影响宝宝的睡眠。

(五)安全床铺

宝宝床铺的底部必须是坚固的,并且不应该有任何尖锐或突出的部分,以避免对宝宝造成伤害。

床垫应该是柔软的,并且符合安全规格。床垫表面应该是平的,以避免宝宝陷入或被夹住。

床铺周围应该有稳定的围栏,以避免宝宝从床上滑落。围栏的高度应该是足够的,同时应该能够随时打开,以方便照顾宝宝。

在照护者离开时,床上不应该有任何软玩具、枕头、棉被等物品,这些物品会增加宝宝窒息的风险。

床铺周围应该保持整洁,以避免宝宝感染病菌或被其他危险物质伤害。

床铺应该放在安静、通风、明亮的地方,避开阳光直射或有寒风的位置。

床上应该放置纯棉的床单和被子,以保证宝宝的舒适度。

床铺周围不应该有任何易燃易爆物,如火柴、打火机等,以防止火灾的发生。

(六)家具摆放

确保通道畅通　将家具摆放在通道中可能会妨碍照护者的行动,在需要赶紧抱起宝宝的时候会增加跌倒的风险。因此,应确保房间中留出足够的空间,让照护者能够轻松地走动。

选择稳固的家具　新生儿还不能自己坐起来或者站立。应选择稳固的家具,让宝宝安全地玩耍和休息,避免发生意外事故。

避免过于花哨的装饰　虽然我们都希望自己的宝宝居住在一个漂亮的房间里,但过于花哨的装饰可能会分散宝宝的注意力,也可能增加宝宝意外受伤的风险。

避免使用含有害物质的家具　某些家具可能会释放有害气体或粉尘,对宝宝的健康有潜在风险。因此,在购买家具时,应选择符合国家标准的产品,尽量选择绿色环保的材料。

确保在摆放家具的过程中宝宝得到安全的照顾　在摆放家具的过程中,尽量不要让宝宝在旁边玩耍,以免发生不必要的危险。如果宝宝在场,一定要有大人照顾,确保宝宝的安全。

二 婴儿用品

迎接宝宝回家前,应准备好必要的婴儿用品,如尿布和尿垫、湿巾、洗浴用品、衣服等。注意婴儿用品的材质和品质,选择透气、舒适的纯棉衣服和毛巾。

（一）尿布和尿垫的选择

选择尿布和尿垫时,需要考虑以下几个方面。

材质　尿布和尿垫的材质需要舒适、柔软、吸湿、透气,不易刺激宝宝的皮肤,以避免宝宝发生皮肤过敏或炎症等问题。

尺寸　根据宝宝的体型、月龄和体重选择合适的尺寸。如果尺寸不合适,会导致尿布或尿垫不稳定,无法完全遮盖宝宝的臀部,容易漏尿。尿布常见的尺寸有 NB、S、M、L、XL、XXL 等。其中,NB 适用于新生儿,S 适用于体重 3～7 千克的宝宝,M 适用于体重 6～11 千克的宝宝,L 适用于体重 9～14 千克的宝宝,XL 适用于体重 12～22 千克的宝宝,XXL 适用于体重 22 千克以上的宝宝。不同品牌可能略有差异。

吸水性　选择吸水性好的尿布和尿垫,能够更好地保持宝宝皮肤的干爽和舒适,减少宝宝的皮肤问题。

透气性　选择透气性好的尿布和尿垫,可以减少宝宝的皮肤潮湿和不透气引起的过敏和其他皮肤问题。

品牌和质量　应从有质量保证的商家购买尿布和尿垫,以更好地保护宝宝的皮肤。

(二)衣物和毛巾的选择

对于宝宝的衣物和毛巾的选择,需要注意材质的安全性和适宜性。以下是一些不适合宝宝的材质。

合成纤维　合成纤维(如涤纶、尼龙)不透气,容易引起宝宝皮肤过敏,而且还不耐热,易起静电,不适合宝宝穿着。

染料过多的材质　过多的染料可能对宝宝的皮肤造成刺激。

硬质材料　一些硬质材料(如粗糙的棉布或毛巾)会过度摩擦宝宝娇嫩的皮肤。

羊毛　羊毛会引起宝宝皮肤过敏,并且有可能导致宝宝过热。

亚麻　亚麻材质容易起皱,并且不舒适。

因此,宝宝的衣物和毛巾应选择透气性好、柔软舒适、易清洗的材质,如纯棉、纱布、有机棉,这些材质更加适合宝宝使用。

三
宝宝的身体
发育情况

随着新生儿身体的快速发育,其八大系统也在逐步成熟。以下是1个月宝宝身体七大系统(除此七大系统之外,还有内分泌系统,与宝宝照护技术关联性不强,因此不做详细介绍)发育情况的详细说明。

(一)呼吸系统

在新生儿的呼吸系统发育中,有许多重要的过程,包括肺容量的增加、肺泡表面积的增加、呼吸肌力的增强、气管分支的发育等。

新生儿的呼吸频率一般为30～60次/分,但也可能在一些情况下达到80次/分。新生儿的呼吸是通过肋骨、肌肉(包括横膈)来实现的。肺泡表面积的增加意味着可以更有效地交换氧气和二氧化碳,呼吸肌力的增强则使宝宝能够更有效地呼吸。

新生儿的呼吸系统还包括鼻子和喉。新生儿的鼻子很小,但是鼻子里的黏膜可以分泌大量的黏液,起到保持湿润、防止过敏原进入身体的作用。由于新生儿的鼻腔较小,鼻软骨还未完全骨化,比较柔软,可以通过手动压迫鼻翼进行鼻子清理。喉软骨包括环状软骨、杓状软骨等。这些软骨的发育和成熟对于新生儿的呼吸和声音的控制非常重要。

在新生儿早期,宝宝肺泡表面积小,容易出现呼吸窘迫,因此呼吸往往较为急促和不规则。而随着鼻软骨和喉软骨的逐渐发育,宝宝的呼吸会逐渐变得稳定。

（二）循环系统

新生儿的循环系统会发生许多适应性变化,主要包括以下几个方面。

心脏　新生儿的心脏大小约为成人的1/3,但心率却很快,平均为120～160次/分。此外,新生儿的心脏还存在一些特殊结构的不完善,如房间隔缺损、动脉导管未闭等,这些问题会在出生后逐渐消失。

血管　新生儿的血管比成人更脆弱,容易破裂出血。此外,新生儿的血液循环也需要适应从胎儿血液循环到体循环和肺循环的转换。

血液成分　新生儿的血液中含有较多的红细胞和血红蛋白,但血小板和凝血因子相对缺乏,容易出现出血现象。新生儿的血糖水平通常比成人的低,因为他们的能量需求较低。新生儿的胰岛素分泌也不像成人的那样高效。在出生后的前几小时内,新生儿的血糖水平可能会暂时下降,这是正常的生理现象。通常,新生儿的血糖水平应保持在2.6～10.0毫摩尔/升的范围内。如果血糖水平过低,可能会导致新生儿低血糖症,甚至危及生命,需要立即治疗。因此,医护人员会定期检查新生儿的血糖水平,并根据情况采取相应的措施。

（三）消化系统

新生儿的消化系统尚未发育完全,需要在出生后逐步发育。新生儿的胃较小,肠道较短,消化和吸收能力较差,容易出现消化不良的情况。以下是对新生儿消化系统的详细说明。

胃 新生儿的胃容量较小,大约只有成人的1/20,能容纳的食物量也很少。此外,胃壁的肌肉也不够发达,无法有效地收缩。所以,新生儿经常会出现反酸、呕吐等情况。为了减少这些问题,新生儿的喂养应该注意小口、慢喂,每次喂奶量也不要过多。

肠道 新生儿的肠道较短,大约只有成人的1/3,肠道内的菌群也比较单一。这使得新生儿对于某些食物的消化和吸收能力较差,容易出现腹泻、便秘等情况。因此,宝宝在出生后的几个月内,需要经过一定的适应期,以逐步完善自己的消化系统。

肝脏 新生儿的肝脏在出生后逐渐开始工作,但在出生后的几周内,肝脏的代谢能力较低,容易发生黄疸。黄疸是一种常见的现象,通常会自行消失。关于黄疸的说明和处理方法详见第八章第36问。

胰腺 新生儿的胰腺逐渐开始分泌消化酶,以帮助消化食物,但发育还不完全,所以分泌的消化酶可能不足,导致消化不良。

(四)泌尿生殖系统

新生儿的泌尿系统包括肾脏、输尿管、膀胱和尿道。这些器官在出生前已经基本形成,在新生儿时期继续发育。

新生儿的肾脏体积较小,但是其功能已经基本完善。肾小球滤过膜较为娇嫩,因此新生儿的肾小球滤过率比成人的低,但是肾小管重吸收功能较强,可以从尿液中回收大量水分和电解质。

新生儿的尿液特点是呈淡黄色、弱酸性,含有较多的尿素和尿酸。尿素和尿酸含量较高是由于新生儿的肾小管重吸收功能较强。此外,新生儿的尿量较少,排尿次数较多,这是由于新生儿的肾小管浓缩功能尚未完善。

新生儿膀胱的控制能力还未完全发展,因此尿失禁较为常见。此外,新生儿的尿道长度较短,易受到细菌感染,因此需要及时更换尿布,保持局部清洁、干燥,以预防尿路感染。

男婴和女婴的生殖系统在结构和功能上有很大的区别。

男婴的生殖系统包括睾丸、阴茎、尿道和附属腺。这些器官的发育是在母体内完成的。睾丸位于阴囊中,用于产生和存储精子。尿道是阴茎中的管道,用于排泄尿液和精液。附属腺包括前列腺和精囊。

女婴的生殖系统包括卵巢、输卵管、子宫、阴道和外阴。卵巢负责产生卵子。输卵管连接卵巢和子宫。阴道连接子宫和外生殖器。外阴包括阴唇和阴蒂,保护阴道入口。

1. 男婴泌尿生殖系统常见问题

男婴泌尿生殖系统常见问题包括以下几种。

包皮过长　男婴的包皮过长是较为常见的泌尿生殖系统问题之一。包皮过长会导致包皮下的细菌滋生,引起感染,甚至会影响尿道的通畅。因此,如果男婴的包皮过长,建议尽早进行包皮环切手术。

尿道下裂　尿道下裂是男婴出生后常见的一种泌尿系统畸形。尿道下裂会导致尿液不能顺畅排出,造成尿液反流,引起尿路感染等问题。治疗方法包括手术矫正等。

输尿管狭窄　输尿管狭窄会导致尿液不能正常流出,引起肾功能异常甚至肾衰竭。治疗方法包括药物治疗和手术治疗。

尿道炎　尿道炎的症状包括尿频、尿急、尿痛等。治疗方法包括口服抗生素和局部冲洗。

睾丸未降　男婴出生后,睾丸通常会从腹腔降到阴囊。但有时睾丸未能降至阴囊,这就是睾丸未降。睾丸未降会影响生殖功能,增加患睾丸癌等疾病的风险,因此需要手术治疗。

2. 女婴泌尿生殖系统常见问题

女婴泌尿生殖系统常见问题包括以下几种。

尿道口炎症　女婴尿道较短、较宽,容易被细菌感染,导致尿道口红肿、痛痒甚至有分泌物等症状。

尿路感染　女婴患尿路感染的概率较男婴高,常见症状为小便频繁、尿急、尿痛等。如果尿路感染不及时治疗,可能会引起肾脏炎症。

阴道出血　女婴在出生后的几天内可能会出现阴道少量出血,这是由母体激素的影响所致,一般会在几天内自行停止。

卵巢囊肿　女婴在母体子宫内时,卵巢会生成卵泡,出生后有时会形成卵巢囊肿。卵巢囊肿多数是无症状的,偶尔会出现腹部肿块或腹痛等症状。

阴道阻塞　女婴在出生后,由于生殖器官的发育尚未完成,阴道前庭部分可能会被一层薄膜覆盖,造成阴道阻塞。这种情况需要手术治疗。

需要注意的是,如果新生儿出现异常的泌尿生殖系统症状,需要及时就医。

(五)免疫系统

新生儿的免疫系统还不够强大,因此容易感染疾病。母乳喂养能够帮助增强新生儿的免疫力。

在母体内,胎儿通过胎盘获取母体的抗体,但新生儿需要自行完善免疫系统。新生儿的免疫包括先天免疫和后天免疫两个方面。

先天免疫是指新生儿天生具备的免疫能力,由皮肤和黏膜屏障、非特异性免疫细胞、补体系统等执行功能。皮肤和黏膜屏障能够防止细菌、病毒等微生物侵入,非特异性免疫细胞如中性粒细胞、单核细胞、自然杀伤细胞等能够清除入侵的病原体,而补体系统则能够引起细菌破坏和诱导炎症反应。

后天免疫是指新生儿出生后通过接触病原体和接种疫苗等逐渐获得的免疫能力。新生儿的免疫系统需要逐渐学习和记忆病原体,产生相应的抗体,以便在下一次接触同一病原体时更有效地将其清除。医生会按照规定的疫苗接种计划,给婴幼儿接种相应的疫苗,帮助他们完善后天免疫功能,预防疾病。

需要注意的是,新生儿的免疫系统尚未发育完全,对病原体的抵抗能力较弱,容易感染疾病。因此,除了接种疫苗外,在日常生活中对宝宝的防护也很重要,如保持环境清洁、勤洗手、避免到人多的场所,以减少感染的风险。

(六)神经系统

新生儿的神经系统非常敏感,需要在温暖、安静、光线柔和的环境中正常发育。照护者应给予新生儿适宜的感觉刺激和运动方面的锻炼,以促进新生儿神经系统的发育。

新生儿的神经系统还未发育完全。在出生后的第一个月内,神经系统会经历迅速的发展。

神经系统主要分为中枢神经系统和周围神经系统两部分。中枢神经系统包括大脑、脑干和脊髓，是"指挥中心"，控制着宝宝的各项活动。周围神经系统包括神经纤维和神经末梢，是感受和处理外界信息的主要部分。

新生儿的神经系统发育情况，可以从以下几个方面来说明。

1. 大脑

新生儿头颅所占比例较大，大脑表面较光滑，脑沟较少。在出生后的第一个月内，大脑开始发育出更多的脑沟，脑容量也逐渐增大。

2. 感觉

感觉包括视觉、听觉、嗅觉、味觉、触觉、前庭觉、本体觉。

新生儿的视觉非常不成熟，他们只能看到黑色、白色的物体，对色彩没有感知。此外，新生儿的眼球比成人的小，角膜也较为平坦，导致屈光不正，视野不清晰。随着时间的推移，新生儿的视力会逐渐发育，出生后3个月左右开始分辨颜色，6个月左右可以看清物体的细节。

新生儿的听觉也比较不成熟。他们可以听到声音，但不能将声音和具体物体联系起来。新生儿可以辨别不同的声音和音调。此外，新生儿对高音比较敏感，可能会因为刺耳的声音而哭闹不止。在3个月左右可以分辨声音的来源和方向，可以通过听觉与外界进行交流。

需要注意的是，新生儿的嗅觉、触觉、前庭觉、本体觉都需要得到适当的刺激，以帮助其发育成熟。具体的早教技术将会在后文详细说明。

3. 睡眠

新生儿的睡眠是不规律的，需要在出生后的几个月内逐渐建立健康的睡眠习惯，这将有助于宝宝的身体尤其是神经系统发育。

总之，新生儿的神经系统发育需要一定的时间。应给予宝宝足够的关注，为宝宝营造良好的生长环境，养成健康的睡眠习惯。

（七）运动系统

新生儿的运动系统还很不成熟，很多肌肉的控制能力还不够强，需要在出生后逐渐发展。

新生儿的骨骼比成人的柔软,很多骨头以软骨的形式存在。在出生后的几个月内,骨骼会不断生长和发育,直到大约 2 岁时形成较硬的骨头。

新生儿的头骨相对成人的来说更柔软,这是为了让新生儿出生时能顺利通过产道。此外,新生儿头骨之间的缝隙较大,这种缝隙称为软骨缝,有助于脑部的生长和发育。新生儿头骨之间的连接处称为囟门。新生儿有两个囟门:一个是前囟门,位于头骨的正中央;一个是后囟门,位于头骨的后部。前囟门一般在出生后 12～18 个月闭合,后囟门在出生后 2～4 个月闭合。囟门的大小和张力可以反映宝宝的生长发育和健康状况。

在新生儿的日常护理中,注意不要对囟门进行过度的按摩或敲打,以免造成囟门张力异常、头部受伤等。如果囟门的张力过高或过低,应及时就医。

在出生后的几个月内,宝宝的骨骼逐渐硬化,但仍然相对柔软。这种柔软性有助于宝宝的生长和发育,但也增加了骨折和骨形变的风险。因此,在照顾宝宝时需要特别小心,避免施加过大的力量,以免造成骨骼损伤。此外,宝宝在成长过程中需要摄入足够的钙和维生素 D 来支持骨骼的生长和发育。值得注意的是,钙的摄取不是越多越好,通常母乳和配方奶中的钙就能满足宝宝正常的生长发育需求,不需要额外补充钙。如果宝宝天生缺钙如患有佝偻症,需要遵医嘱进行治疗。

$$\left[\begin{array}{c} 四 \\ 喂养技术 \end{array}\right]$$

宝宝的喂养方式分为母乳喂养和人工喂养。人工喂养包括混合喂养和配方奶喂养。

(一)母乳喂养

母乳喂养是指宝宝通过直接吸取妈妈的乳汁来获得营养和能量。母乳喂养对宝宝的成长和健康非常有益。母乳是宝宝最好的食物之一,它提供了宝宝生长所需的营养物质和抗体,有助于宝宝的发育。母乳的营养成分详见第一章。

需要注意的是,母乳的成分可能会因妈妈的饮食和健康状况而有所变化,因此妈妈需要保持良好的饮食和作息习惯,以保证母乳的质量。

以下是关于母乳喂养的详细说明。

1. 喂养频率

新生儿需要频繁地吸乳,一般每天需要吸乳 8～12 次,每次持续 15～45 分钟。体重比较大的宝宝可以每天吸乳 10～12 次,普通体重的宝宝每天吸乳 8～10 次。新生儿的胃容量比较小,出生后第一天每次吃 5～7 毫升。出生后第二天的宝宝每次吃 15～25 毫升,出生后第三天的宝宝每次吃 30～40 毫升。出生 10 天之内的宝宝有个现象叫作"生理性体重下降",即因为排出体内多余的水分、胆汁和胎粪等,体重会出现暂时性的下降。这是一种正常现象,通常在出生后 3～5 天最为明显,之后体重逐渐回升到出生时的水平。一般来说,出生后 7～10 天,体重应该恢复到出生时的水平,也有个别宝宝到出生后第 20 天才恢复到出生时的水平。如果体重较长时间没有恢复或者下降过多,需要及时咨询医生。

根据世界卫生组织的标准,新生儿按照出生体重分类如下。

超低出生体重儿(ELBW) 指出生体重小于 1 000 克的新生儿。

极低出生体重儿(VLBW) 指出生体重为 1 000～<1 500 克的新生儿。

低出生体重儿(LBW) 指出生体重为 1 500～<2 500 克的新生儿。

适产儿(AGA) 指出生体重为 2 500～4 000 克的新生儿。

大出生体重儿(LGA) 指出生体重大于 4 000 克的新生儿。

2. 母乳储存

母乳储存是一个重要的环节,正确的储存方式可以确保母乳的营养价值,同时也有助于减少细菌污染。母乳储存要注意储存的容器、时间、温度、储存量,以及解冻和加热方法等,详见第八章第 25 问。

3. 喂奶姿势

喂奶姿势对于母乳喂养的宝宝来说非常重要。正确的喂奶姿势可以减少不必要的吞咽空气和胀气等问题,让宝宝更容易吸收营养。以下是几种常见的喂奶姿势。

侧躺式喂奶 这是最建议妈妈采用的一种喂奶姿势。整个过程中妈妈不会过度疲劳,也不会因为过度关注宝宝而造成颈椎不适的问题。妈妈和宝宝同时侧躺在床上,宝宝面对乳房,头部略微抬高。产妇在身体恢复期,还比较疲劳的时候,用这种姿势可以减轻肩颈负担。这种姿势适合新手妈妈,对新生儿来说也比较安全、稳定,可以避免吸奶过程中窒息的情况。以下是对侧躺式喂奶的详细说明。

(1)准备工作:找一个安静的地方,侧躺在床上或沙发上,将几个枕头放在身边,以支撑宝宝的头部和身体。

(2)让宝宝靠近乳房:将宝宝放在身侧,让宝宝的脸转向乳房,嘴巴靠近乳头。

(3)手臂位置:将一只手臂放在宝宝的后背下面,以支撑宝宝的身体,同时用另一只手将乳头送到宝宝的口中。如果宝宝无法找到正确的位置,可以用手帮助宝宝,或者让他人帮忙。

(4)喂奶的过程:在喂奶的过程中,可以轻轻地拍打宝宝的背部或使用柔软的毛巾支撑他的下巴,以确保宝宝可以很好地吸吮。如果需要换另一侧的乳房喂奶,妈妈可以移到宝宝另一侧,或将宝宝抱到另一侧。

手托头部喂奶 让宝宝的身体靠在妈妈的手臂上,头部被妈妈的手掌托住,脸部面对乳房。用这种姿势喂奶,宝宝可以看到妈妈的脸,会感到安全和舒适,同时也可以让宝宝自己掌握吸吮的节奏和力度。

抱枕喂奶 使用专门的抱枕,让宝宝躺在上面,妈妈抱着抱枕,将乳头放到宝宝的口中。这种姿势适合宝宝身体比较小,需要一些额外支撑的情况,同时也可以让妈妈的手臂和背部得到放松。

趴着喂奶 趴着喂奶是较新流行的喂奶方式,也具有不少优点,可以减轻妈妈的劳累。具体做法是让宝宝趴在妈妈的腹部上,脸朝向一侧,以便让宝宝舒适地吸吮乳头。这种姿势可以帮助宝宝排气,减少胃部胀气。

趴着喂奶需要注意以下几点。

（1）确保宝宝的安全：趴着喂奶时，宝宝需要获得足够的支撑。可以用手臂或枕头来支撑宝宝的身体，以保证宝宝不会滑落或窒息。

（2）选择合适的位置：为了保持趴着喂奶的正确姿势，需要选择一个舒适的位置。可以在床上或者地板上铺上毯子，用枕头来支撑妈妈的胳膊和腹部。

（3）保持宝宝的颈部稳定：趴着喂奶时，宝宝的颈部需要保持稳定。可以在宝宝的下巴下面放置一块柔软的布，以支撑宝宝的颈部，防止宝宝的头部向下倾斜而呼吸不畅。

（4）确保宝宝的饱食感：需要确保宝宝在喂奶时能够获得足够的乳汁，同时还需要注意宝宝是否有饱食感。在喂奶过程中，需要不断观察宝宝的表情和动作，以判断宝宝是否已经吃饱。

（5）注意宝宝的胀气：虽然趴着喂奶可以帮助宝宝排气，但仍然需要注意宝宝是否有胀气的情况。如果宝宝出现了胃部胀气，可以轻轻按摩宝宝的背部或肚子，以帮助宝宝排气。

母乳喂养需要注意的是，每当一个奶阵结束之后，都要给宝宝拍嗝，而不是只在整个喂奶过程结束后拍嗝。

奶阵，也称为乳汁喷射反射，是哺乳时乳房受到刺激后产生的一种自发性反射，导致乳汁喷射出来。当宝宝开始吮吸乳头时，神经信号会从妈妈的乳头传输到大脑的相应区域，从而引起垂体前叶分泌催乳素，促使乳房收缩，乳汁被挤压到乳腺导管内，最终喷出乳头。奶阵是母乳喂养中重要的一环，能够保证宝宝得到足够的营养和满足感。母乳喂养的关键就是按照奶阵喂奶，每当奶阵出现，都要密切观察宝宝的吞咽情况，每个奶阵结束后都要拍嗝，再继续喂奶。

无论采用哪种喂奶姿势，都要确保宝宝和妈妈的身体舒适和安全，避免宝宝吞咽空气而胀气。妈妈要放松心情，享受喂奶的过程，保证足够的睡眠和健康的饮食。

4. 喂奶时间

喂奶时间是根据宝宝的需求和母乳分泌量来决定的。通常一天需要喂奶8～12 次，每次喂奶持续的时间和两次喂奶的时间间隔不一定相同。以下是关于新生儿喂奶时间的指导。

（1）出生后的头几天，新生儿可能需要更频繁地喂奶，甚至每 1～2 小时喂一次，以满足新生儿的营养需求并帮助刺激母乳分泌。

（2）出生后 1～2 周，宝宝的食欲会增加，可能需要更多的母乳来满足营养需求。每次喂奶持续的时间可能会变长，通常为 20～40 分钟。

（3）出生后 2 个月左右，宝宝的胃容量增大，每次进食量也相应增加，两次喂奶的时间间隔可能会变得更长，通常每 3～4 小时喂一次奶。

一些新生儿可能会睡得更多，需要被唤醒来吃奶，以确保他们得到足够的营养。新生儿通常会有密集进食的情况，即短时间内频繁地进食。密集进食通常发生在上午或傍晚时段。密集进食的频率和持续时间可能因宝宝的月龄和需求而有所不同，但通常两次进食的间隔比较短，而且吃的量比平时多。每个宝宝的作息规律不完全一样，受到喂养方式、环境等多种因素的影响。这种进食模式对于刺激乳汁分泌有一定作用，也有助于宝宝建立正常的进食习惯和稳定的生物钟。

表 2-1 列出了 1 个月宝宝大致的作息情况。

表 2-1　1 个月宝宝作息情况

时间	活动
7:30	起床、换尿布、吃奶
8:30	玩耍、观察环境
9:30	吃奶、换尿布
10:30	小睡
13:30	玩耍、观察环境
14:00	洗澡、抚触
14:30	吃奶、换尿布
15:30	玩耍、观察环境、小睡
18:00	吃奶、换尿布
19:00	玩耍、早教
20:00	吃奶、换尿布
21:00	睡觉

续表

时间	活动
24:00	吃奶、换尿布
1:00	睡觉
4:00	排便、吃"回笼奶"（母乳1～2个奶阵或配方奶30～60毫升）、睡"回笼觉"

总的来说，喂奶时间和次数是根据宝宝的需求和母乳分泌量来决定的，因此要关注宝宝的喂奶需求，及时喂奶，确保宝宝获得足够的营养。

宝宝要按需喂养。按需喂养是根据宝宝的需求随时喂奶的喂养方式。这意味着不必按照固定的时间间隔喂奶，而是在宝宝表现出饥饿和需要时进行喂奶。这种喂养方式可以确保宝宝获得足够的营养，并且可以根据宝宝的需要调整喂奶的频率和量。按需喂养可以促进母乳分泌，同时也可以提高母婴之间的亲密度，让妈妈与宝宝之间建立更紧密的联系。

判断宝宝是否需要喂食，可以观察以下几个方面。

哭声　宝宝哭闹可能是饥饿的信号，但也可能是其他原因，如需要换尿布、需要安抚、感到孤独等。

睡眠　宝宝睡觉中间醒来，可能是因为需要吃奶，但也可能是因为宝宝想亲近母亲。

嘴巴动作　宝宝伸出舌头、咂嘴、吮吸手指等，可能表明宝宝需要吃东西。

姿势　当宝宝在床上来回扭动时，可能需要喂奶。

根据宝宝的肢体语言，也可以及时判断宝宝是否需要进食。参考表2-2，可以大致了解宝宝的一些肢体语言的含义。

表2-2　宝宝肢体语言的含义

肢体语言		含义
头部	晃来晃去	困了、累了
	转到一边,仰头,张嘴	饿了
	不断点头	困了、累了

续表

肢体语言		含义
面部	做怪相，如嘎吱嘎吱地咬或咀嚼，躺下的时候气喘、转眼珠	呼吸困难或者其他不适
	脸发红，太阳穴静脉凸出	哭了太久或呼吸不畅
眼睛	发红，有血丝	困了、累了
	慢慢闭上又猛然睁开并重复	困了、累了
	频繁眨眼、发愣、看远方	过度疲劳或过度兴奋
嘴	打哈欠	困了、累了
	嘴唇噘起	饿了
	想尖叫但是没有声音，放声大哭前深吸一口气	呼吸困难或其他不适
	下嘴唇颤抖	冷了
	吸吮舌头	自我安慰（常被误解为饿了）
	舌头朝一侧翻卷	饿了
	向上卷舌但无吸吮动作	呼吸困难或其他不适
躯干	蜷缩，背呈拱形，想吸吮	饿了
	扭动，翻身	想换尿布或排便，抻个子
	僵直	不舒服
	颤抖	冷了
上肢	手伸到嘴边吸吮	口腔敏感期
	玩手指头	触觉敏感期或换了环境
	不协调地摇摆	累了或长疹子
	晃动胳膊，稍微颤抖	呼吸困难或其他不适
下肢	有力而不协调地踢腿	累了
	腿缩到胸前	肚子难受
皮肤	潮湿、汗渍渍的	热了或哭了太久
	呈青色	呼吸困难或哭了太久
	起密密麻麻的鸡皮疙瘩	冷了

5. 妈妈饮食注意事项

采用母乳喂养的妈妈需要注意饮食，以保证母乳营养丰富，有利于宝宝的生长发育。以下是妈妈饮食注意事项。

多饮水　母乳喂养需要消耗大量的水分，因此妈妈需要多饮水以保持水分的平衡。每天饮水 2 000～3 000 毫升。

摄入足够的蛋白质　蛋白质是母乳的主要成分，因此妈妈需要摄入足够的蛋白质。可以摄入肉类（包括鱼肉）、蛋类、豆类等富含蛋白质的食物。每天摄入 60 克左右蛋白质。如果发现母乳喂养的宝宝大便出现白色奶瓣，需要减少蛋白质的摄入量，同时对乳房进行护理。

补充足够的钙和维生素 D　钙和维生素 D 对宝宝的骨骼发育至关重要，妈妈可以适当补充含钙和维生素 D 的食物或药品，处于孕期和哺乳期时每天应该摄入 600～800 国际单位（IU）的维生素 D。建议在医生的指导下，根据个人情况和需要来决定摄入量。

注意营养平衡　采用母乳喂养的妈妈需要保证膳食均衡，摄入足够的维生素、矿物质和纤维素等。

避免过多摄入咖啡因和酒精　过多摄入咖啡因和酒精会影响母乳的质量和宝宝的健康。

少吃刺激性食物　刺激性食物如辛辣食物容易引起宝宝肠胃不适，因此妈妈需要少吃或避免这类食物。

避免过度饮食　过度饮食会导致妈妈体重增加过快，对母乳喂养和身体健康都有不良影响。妈妈需要合理控制饮食，适量摄入食物。

（二）混合喂养

混合喂养分为补授法和代授法。

补授法是指妈妈感觉母乳不够而通过配方奶等方式进行补喂，不会让宝宝产生乳头混淆从而不吮吸乳头。但是这种方式很难把握喂养的度，非常容易导致过度喂养。建议采用补授法的妈妈追奶，通过科学的方法逐渐转变成全母乳喂养。

代授法往往是妈妈严重缺奶，或者出于特殊原因不能保证喂奶频率，因而某一次喂奶采用配方奶喂养的方式。采用这种方式的妈妈如果能够克服困难，最好转变成全母乳喂养，学习科学的方法刺激泌乳。

如果不得不采用混合喂养的方式，选择补授法要强于代授法。辅食添加之前，宝宝一天需要的奶量是宝宝的体重（千克）值乘以150毫升。要控制总量，合理分配每次喂奶的量，避免过度喂养。

（三）配方奶喂养

1. 需要选择配方奶喂养的情况

妈妈母乳不足或无法喂母乳 有的妈妈可能因为乳房问题而无法产生足够的母乳，这时可以选择配方奶喂养。

宝宝不能耐受母乳 有的宝宝因为麸质敏感性肠病（乳糜泻）、乳蛋白过敏等原因无法耐受母乳，这时需要在医生的建议下选择特殊配方奶喂养。

妈妈需要工作或离开家 有些妈妈需要回到工作岗位或经常离开家，这时可以选择配方奶喂养。

妈妈有健康问题 如果妈妈有传染病、接受抗生素治疗等情况，医生可能会建议停止母乳喂养，转而使用配方奶喂养。

需要注意的是，配方奶不能完全替代母乳，因此，如果宝宝和妈妈的情况允许，还是应该尽可能地选择母乳喂养。

2. 配方奶的分类

根据不同的营养成分和用途，配方奶主要分为以下几类。

初生婴儿配方奶 适合出生后1～6个月的宝宝。配方中含有乳糖和乳清蛋白等成分，与母乳的营养成分相似，适合替代或补充母乳喂养。

婴儿成长配方奶 适合6个月以上的宝宝。配方中含有更多的铁、钙和蛋白质等成分，能够满足宝宝日益增长的营养需求。

特殊配方奶 水解奶粉是为了减轻乳糖不耐症、蛋白质过敏或者消化不良等症状而开发的一类特殊配方奶粉。水解奶粉根据水解程度不同可以分为以下几类。

（1）部分水解奶粉：将牛奶蛋白质通过一定程度的加工或加热处理水解成较小的肽和氨基酸，降低其过敏原性。适合部分对牛奶蛋白质过敏的宝宝。

（2）全水解奶粉：将牛奶蛋白质通过高温、高压的加工过程，水解成更小的肽和氨基酸，完全消除了牛奶蛋白质的过敏原性。适合对牛奶蛋白质过敏较为严重的宝宝。

（3）部分水解大豆蛋白奶粉：将大豆蛋白质部分水解后加入配方奶粉。适合对牛奶蛋白质过敏且不适合使用动物蛋白的宝宝。

需要结合宝宝的具体情况和医生的建议选择合适的水解奶粉。

稀释配方奶　对于消化能力尚未完全发展的早产儿和低 / 极低 / 超低出生体重儿，需要将奶粉稀释后喂养。

不少照护者存在这样的疑问：牛奶粉和羊奶粉有区别吗？

牛奶粉和羊奶粉在营养成分上有所不同。羊奶中的脂肪、蛋白质、维生素和矿物质含量略高于牛奶，尤其是钙、维生素 B_{12} 和钾的含量更高。羊奶中的脂肪球也比牛奶中的小，更易于消化吸收。因此，对于某些宝宝而言，羊奶粉可能更易于消化吸收。

但是需要注意，羊奶粉并不适合所有宝宝。羊奶中含有的一些动物蛋白如 α-s1 酪蛋白和 β- 乳球蛋白，有些宝宝对其过敏。此外，羊奶中的铜含量较高，过量摄入可能会对宝宝的健康造成负面影响。因此，如果考虑使用羊奶粉，请先咨询医生。

3. 配方奶的冲调

准备干净的奶瓶、奶嘴、配方奶粉和清水。3 个月之内的宝宝建议使用 70 ℃的水冲泡，冲泡后凉到宝宝可以喝的温度再喂奶。这是因为配方奶非常容易受阪崎肠杆菌的污染而对宝宝的肠道造成伤害。等宝宝 3 个月大之后，肠道发育更进一步，就可以按照奶粉包装上推荐的温度冲泡了。

不要因为宝宝着急喝奶而等不及奶粉放凉。一方面，可以用"5S 安抚法"（见第八章第 76 问）安抚宝宝，另一方面，奶粉提前冲泡好，在温奶器中放置 30 分钟甚至 60 分钟都是可以的。

先将清水倒入奶瓶，按照奶粉包装上的指示加入适量的配方奶粉。不要擅自减少水量或者增加水量。再盖上奶嘴，轻轻摇晃奶瓶，使奶粉充分溶解。

喂奶前，应检查奶温。奶应该是温热的（约 37 ℃），不要太热或太冷，以免刺激到宝宝。

冲泡奶粉建议使用"15分钟冲调法":第一次摇匀后,将奶瓶放入温奶器静置3分钟,再拿起奶瓶摇匀,摇匀后再放入温奶器静置3分钟。一共经历5次摇匀,静置5个3分钟(共15分钟),才能使奶粉冲泡均匀,奶不会在奶瓶内挂壁,也能避免宝宝的大便中有白色奶瓣。

注意事项:

(1)一定要按照奶粉包装上指示的比例调配,不要自行增减。

(2)水要选用矿泉水或开水,不能使用未经煮沸的自来水,以免影响宝宝的健康。

(3)奶瓶的奶嘴一旦接触过宝宝的嘴巴,就不要放置太久,应在30分钟内将奶喂完,以免细菌繁殖。

(4)注意卫生,冲泡奶粉前要洗手、洗奶瓶、给奶瓶和奶嘴消毒等,避免病菌感染。

关于配方奶冲调的其他说明,详见第八章第46问。

4. 配方奶的喂养姿势

以往配方奶的喂养姿势强调"3个45度":45 ℃的水冲泡奶粉,45°的抱姿,奶瓶与宝宝呈45°角。但是这种方法的弊端是奶进入嘴巴的速度是不受控的,非常容易导致宝宝呛奶和空气进入奶瓶尾部。

现代喂养理念中的瓶喂方式叫作控速瓶喂法,也称卡辛瓶喂法。妈妈坐着,把宝宝从原先的45°抱姿改为80°抱姿,手臂揽住宝宝,奶瓶与宝宝呈30°角,将奶嘴送到宝宝口中,奶覆满奶嘴,避免空气进入奶瓶就可以了。需要注意的是,每当宝宝喝完30毫升左右,或者宝宝喉咙发出空气摩擦的声音,就要及时停止喂奶,将奶瓶放入温奶器保温,给宝宝拍嗝,待宝宝气息平顺后再重复以上步骤喂奶。如果喂120毫升奶粉,中间需休息4次进行拍嗝。

(四)如何判断宝宝吃饱了?

判断宝宝是否吃饱,主要根据以下几个指标。

吃奶时间 通常新生儿每次喂奶持续10～30分钟。如果超过30分钟,说明宝宝可能不是很饿或者有其他问题。

尿布的湿度　一般情况下,宝宝每天要换6~8次尿布。如果尿布很湿,说明宝宝吃得够多。

宝宝在出生后第一天尿1~2次,第二天尿2~3次,第三天尿3~4次,依此类推,第七天以后每天尿6~10次。应当留意宝宝每天的尿次数。如果次数少于正常值,说明喂养不充足;次数过多,说明喂养过度,对宝宝危害比较大;次数正好,说明宝宝吃饱了且喂养充足。

体重的增长　在出生后的前几周内,宝宝体重会迅速增长,每天增加20~30克。如果宝宝体重增长正常,说明宝宝吃得足够。

睡眠　宝宝吃饱了,通常会感到困倦,容易入睡。

表情　如果宝宝的手脚放松,身体舒适,不出现焦躁、哭闹等不适表现,说明宝宝吃饱了。

吃手　如果吃完奶后宝宝把手指放到嘴巴里1分钟都没有哭,就说明宝宝吃饱了,不需要补充配方奶。此时最宜进行早教和哄睡习惯的养成。

五 护理技术

新生儿需要全方位的护理,主要包括以下几个方面。

(一)身体护理

身体护理包括定时给宝宝洗澡、换尿布、保持臀部清洁、洗手、洗脸等。

1.洗澡

洗澡不是每天必需的,可以在需要时进行。为了确保宝宝洗澡过程中的安全和舒适,应注意以下问题。

温度　确保洗澡水温为37 ℃~38 ℃。用手肘或水温计检查水温,确保水不是太热或太冷。洗澡前要确保房间温度适宜,冬季洗澡前可以先开空调或者电暖气,避免宝宝感冒。

洗澡工具 可以选择宝宝专用的浴盆或浴缸,确保表面光滑,无毛刺或锋利的边角。准备柔软、洁净的毛巾。

洗浴用品 使用专门供宝宝使用的温和、无刺激的洗浴用品。最好不要使用香味太重的产品,以免对宝宝造成刺激。洗发液、沐浴露等洗涤用品的使用浓度不要太高,以免刺激宝宝的皮肤。不建议每次洗澡都使用沐浴露,尤其是长湿疹的宝宝更不建议频繁使用,每周使用 1～2 次为好。

洗澡步骤 先将宝宝放在浴盆或浴缸里,从宝宝的头部开始,用温水将宝宝全身浸湿。再使用洗发液、沐浴露轻轻地按摩宝宝的头皮和身体。避免在宝宝的皮肤上来回擦洗。然后用温水将宝宝全身冲洗干净,注意避免水进入宝宝的耳朵、鼻子和眼睛。最后要彻底擦干宝宝的身体,避免感冒和皮肤炎症等问题的发生。

头部护理 宝宝的头部需要特别的护理。洗头时,可以用清水或宝宝专用洗发水轻轻按摩宝宝的头皮,不要太用力,避免刺激。洗完后用毛巾轻轻擦干,注意不要擦伤宝宝的头皮。

皮肤护理 洗完澡后,用柔软的毛巾将宝宝身上的水分吸干,尤其是皮肤皱褶处。之后可以给宝宝身上涂适量润肤霜。但是皮肤皱褶处不要用润肤霜,而应采用抚触油等油性润肤物质,避免宝宝皮肤干燥的同时,也能防止产生间擦疹(详见第八章第 67 问)。

安全 洗澡时一定要注意宝宝的安全,应将宝宝整个身体都搂在怀中,以防止宝宝滑倒。不要让宝宝独自在浴盆或浴缸里,不要让宝宝的头部浸泡在水中。

洗澡时间 每次洗澡持续时间不宜过长,一般 5～10 分钟即可,时间过长容易使宝宝感冒。

洗澡频率 通常情况下,新生儿每周洗澡 2～3 次即可,过于频繁的洗澡会导致宝宝皮肤干燥。

2. 换尿布

每次更换尿布时,都应该用温水或不含酒精的湿巾清洁宝宝的下体,再抹上适量的护臀膏,以预防尿布疹等皮肤问题。

换尿布的步骤：

（1）准备必要的用品，如干净的尿布、不含酒精的湿巾或干净的毛巾、尿布垫。

（2）将宝宝放置在平坦、柔软的换尿布区域上，最好使用安全带保证宝宝的安全。

（3）轻轻松开宝宝的尿布，将其叠起来放在一旁。

（4）用不含酒精的湿巾或干净的毛巾擦拭宝宝的臀部和生殖器，应从前往后擦拭，以避免细菌感染。

（5）抬起宝宝的腿部，将干净的尿布滑至宝宝身下，并将尿布前面的三角形部分向上折叠以防止漏尿。

（6）将两侧的尿布翻起，调整尿布，使其贴紧宝宝的腰部，并确保不过紧。

（7）帮助宝宝翻过身来，换尿布完成。

注意事项：

（1）换尿布前，确保所有必需的用品都已准备好，以免在换尿布中途离开宝宝。

（2）换尿布时，保证宝宝的安全至关重要。使用安全带有助于保持宝宝的位置稳定。

（3）擦拭宝宝的臀部和生殖器时，避免用力擦拭或过度摩擦，以免刺激宝宝的皮肤。

（4）换尿布后，要及时清洁换尿布区域并消毒，以保持卫生。

3. 修剪指甲

修剪指甲是宝宝日常护理中很重要的一步。宝宝的指甲生长得非常快，每周需要修剪一次。用指甲剪小心地修剪，避免伤到宝宝的手指。

修剪指甲的步骤：

（1）选择合适的时间为宝宝修剪指甲，避免在宝宝过于兴奋或不舒适时修剪指甲。应选择安全、干净、宽敞、明亮的场所，如床上或换尿布台上。

（2）准备一把专供宝宝使用的指甲剪、一块干净且柔软的布（用于拭去指甲碎片）。

（3）将宝宝抱在怀中，用一只手臂搂住宝宝的身体，以稳定住宝宝并防止宝宝挥动手臂。用一只手握住宝宝的手掌,轻轻地让宝宝的手指伸开。

(4)用指甲剪轻轻地沿着宝宝指甲的自然弧度修剪指甲。避免剪得太深,以免伤到宝宝的指甲或皮肤。如果担心剪得太深,可以用指甲锉轻轻磨平指甲边缘。

(5)剪完指甲后,用柔软的布轻轻地拭去掉落的指甲碎片。

(6)修剪完毕,要记得用肥皂和温水清洗指甲剪,并用酒精或其他消毒液消毒,以保持卫生。

注意事项:

(1)要选择尺寸适合的指甲剪,不要使用成人的指甲剪,以免伤到宝宝的指甲或皮肤。

(2)不要使用指甲钳或其他尖锐的工具修剪宝宝的指甲,否则很容易伤到宝宝。

(3)不要在宝宝睡觉时修剪指甲,以防宝宝在睡梦中挥动手臂而受伤。

(4)如果不了解为宝宝修剪指甲的正确方法,可以咨询医生或其他专业人士。

4. 皮肤护理

宝宝的皮肤非常娇嫩,容易受到刺激和感染,需要特别细心的护理。以下是关于宝宝皮肤护理的建议。

清洁要温和 使用温水和无香精的肥皂或沐浴露,轻柔地清洁宝宝的皮肤。避免使用含有酒精或香精的清洁剂。

涂抹润肤霜 换尿布后,在宝宝的臀部和大腿内侧涂上油性润肤霜,以防止尿布疹的发生。

避免过度清洁 避免过度清洁宝宝的皮肤,否则会导致宝宝的皮肤干燥。如果宝宝皮肤上没有很多污垢或汗水,不要频繁清洗。

穿透气性好的衣服 穿透气性好的衣服可以帮助宝宝的皮肤呼吸,减少对皮肤的刺激。

避免阳光直射 宝宝的皮肤容易晒伤,因此要避免阳光直射。如果必须外出,应使用帽子或遮阳伞。避免在阳光强烈的时候外出。

注意皮肤状况 经常观察宝宝的皮肤状况,如果出现红疹、皮肤干燥或其他异常症状,应及时就医。

5. 头发护理

宝宝的头发应该每天梳理一次,以预防打结和头皮屑的产生。还应按照正确的方法为宝宝洗头。

以下是为宝宝洗头的步骤和注意事项。

频率　新生儿头皮油脂分泌较少,头发不容易变脏,因此不需要每天洗头,每周一次即可。

水温　洗头水温应控制在 36 ℃～38 ℃,过热、过冷都不适宜。

洗发水　宝宝专用的洗发水比较温和。应选择具有保湿功效的。避免使用含有刺激性化学物质的洗发水。

洗头步骤　先用手指按摩宝宝的头皮,让头皮血液循环通畅,再涂上洗发水,轻轻按摩头发。不要用力拉扯头发,避免伤害宝宝的头皮、头发。

彻底冲洗　要将洗发水冲洗干净,尤其要注意宝宝后颈部、耳后等难以清洗的地方,以免残留的洗发水引起皮肤过敏。

擦干头发　用毛巾轻轻擦干宝宝的头发,不要用吹风机吹干。不要揉搓,以免头发断裂或打结。

注意保暖　洗完头发后要及时为宝宝穿好衣服,以免着凉。

宝宝日常头发护理还需要注意以下方面。

(1)避免长时间压迫宝宝的头部,以免头发变形或掉落。

(2)使用宝宝专用梳子(最好是宽齿梳)轻轻地为宝宝梳理头发。避免拉扯宝宝的头发或梳理得太过频繁。

(3)避免宝宝抓头发,以免把头发拔掉或弄乱。

(4)定期给宝宝修剪头发,防止头发遮住眼睛,影响视力和舒适度。

(二)睡眠护理

1. 新生儿睡眠护理的注意事项

睡眠环境　睡眠环境应该保持安静、光线暗,适宜的温度为 22 ℃左右。床垫应稍硬,不宜过软。

睡衣　睡衣应选择柔软、透气的材质,并且不宜过于紧身,以免影响宝宝的睡眠质量。

睡姿 宝宝睡觉时应保持仰卧或者侧卧的姿势,尽量不要趴着睡。在宝宝学会翻身之前,要避免宝宝趴着睡导致的窒息等安全问题。

睡眠时间 新生儿每天需要睡 16～17 小时,但是这些睡眠时间是分散在一天中的,照护者需要根据新生儿的需求来调整自己的睡眠时间。

醒来 当宝宝醒来时,应及时换尿布、喂奶,并适当与宝宝进行轻柔的互动,以帮助宝宝建立良好的日夜节律。

安全 宝宝的床上不应该放置过多的玩具、枕头、被子等物品,以免出现窒息等安全问题。照护者也要时刻关注宝宝的睡眠情况,确保宝宝的安全。

2. 睡眠习惯的养成

关于宝宝的睡眠周期和睡眠阶段的介绍详见第一章。照护者应留意观察和调整宝宝的睡眠周期,练习哄睡宝宝(详见第三章)。

(三)穿着护理

宝宝的穿着护理十分重要,以下是详细说明。

穿戴适宜 要穿戴适宜,衣物不要过于紧身或过于肥大,避免影响宝宝的呼吸和运动。对于新生儿,应选择柔软舒适、易清洗的棉质衣物。

注意气温 宝宝的穿戴应根据当地的气温来选择,避免穿得太多或太少。夏季可选择单层薄纱或纯棉的衣物,冬季则应注意保暖,可以选择厚实的衣物。

穿脱方便 宝宝的衣物应方便穿脱,以便于护理尤其是换尿布。对于新生儿,应该选择开扣或拉链式的衣服,方便脱下和穿上。

避免过多装饰 宝宝的衣物不要有过多的装饰,避免影响宝宝的舒适和安全。例如,衣服上的大扣子、钩子和细小的装饰品可能会卡住宝宝的手指或口鼻,造成危险。

定期更换 宝宝的衣物应该定期更换和清洗,避免长时间穿同一件衣服,造成细菌滋生和引发皮肤过敏等问题。特别是当宝宝吐奶或者尿布漏湿时,要及时更换衣物。

总之,宝宝的穿着护理要从舒适、安全、健康等多个方面考虑。

（四）脐带护理

新生儿的脐带需要进行护理,直到它自然脱落。

脐带护理的注意事项如下。

洗手　在进行脐带护理之前,一定要洗手,避免手部病菌感染宝宝的脐带部位。

保持干燥　脐带脱落需要一定的时间,在此期间需要保持干燥。每次给宝宝换尿布时,都要检查脐带是否干燥。如果脐带部位有渗出物,应当用棉签蘸取体积分数为 75% 的酒精清洗。不建议使用碘附为脐带消毒。碘附带有颜色。用碘附消毒后,为了便于观察脐带的状况,还是需要用酒精进行脱碘处理的。而且碘附挥发较慢,不利于脐带保持干燥。

注意清洁　每天用棉签蘸取体积分数为 75% 的酒精从上到下轻轻擦拭脐带周围。更换新的棉签,插入脐带根部清洁,每根棉签只插入一次,然后需更换棉签。避免用力过大。

避免碰撞　在给宝宝换尿布、更换衣物、洗澡等过程中,避免碰撞到脐带部位,以防引起疼痛和感染。

注意观察　要注意观察脐带是否有发炎、变红、有异味、有渗液等情况,如有异常,应及时就医。需要注意的是,在脐带愈合期不能随意用药,避免引起感染。

（五）饮食护理

1. 水

在母乳喂养的情况下,宝宝不需要喝水,因为母乳中含有足够的水分,可以满足宝宝生长和发育所需。如果宝宝需要补充水分,可以增加哺乳次数。对于使用配方奶喂养的宝宝,可以根据医生的建议补充适量的水。但要注意,过多的水可能会导致宝宝营养不良,因此要严格遵照医生的建议。不建议在宝宝满月前给宝宝单独喝水。

2. 维生素

病从口入,一般情况下,为了保证宝宝的健康,除了母乳、配方奶、维生素D 或者维生素 AD,是不需要给宝宝吃其他东西的。很多妈妈对宝宝所需的维生素种类有疑问,这里展开分析。

表 2-3 列出了宝宝所需的部分维生素及其主要功能。

表 2-3　宝宝所需的部分维生素及其主要功能

名称	主要功能
维生素 A	保护视力,促进骨骼生长,增强免疫力
维生素 B_1	维持神经系统、心脏、消化系统的正常运作
维生素 B_2	有助于细胞的正常生长,维持皮肤、眼睛、神经系统、消化系统的健康
维生素 B_3	有助于提高脑力,维持皮肤的健康
维生素 B_5	参与蛋白质、脂肪和碳水化合物的代谢
维生素 B_6	有助于合成神经递质,维持心脏健康,促进红细胞的形成
维生素 B_7	参与蛋白质、脂肪和碳水化合物的代谢
维生素 B_9(叶酸)	有助于神经系统的发育,帮助胎儿正常发育,预防唇裂和腭裂
维生素 B_{12}	参与 DNA 的合成,维持神经系统的正常功能
维生素	增强免疫力,有助于骨骼健康
维生素 D	促进钙的吸收,有助于骨骼健康
维生素 E	抗氧化,保护细胞膜
维生素 K	有助于凝血,有助于骨骼健康

表 2-3 中,除了维生素 D 之外,其他维生素都可以从母乳或者配方奶中获取。晒太阳可以促进人体合生维生素 D,但是由于宝宝的皮肤娇嫩,不宜长时间暴露在阳光下,必须补充维生素 D。足月儿每天需补充 400～600 IU 维生素 D,不能补充过量,否则会导致维生素中毒,也就是说人体摄入维生素超过了所需量,身体会出现不良反应。不同维生素补充过量的症状和影响也不同。以下是一些常见维生素补充过量的症状。

维生素 A 过量　头痛、恶心、呕吐、皮肤瘙痒、头发脱落、骨骼畸形等。

维生素 D 过量　食欲缺乏、恶心、呕吐、口渴、尿量减少、心动过缓、肌肉无力、腹泻等。

维生素 E 过量　出血、乏力、腹泻、肌肉无力、头晕等。

维生素 K 过量　红细胞破坏、溶血性贫血、黄疸等。

因此,维生素的补充应该在医生的建议下进行,遵循适量补充的原则。

不建议宝宝隔着玻璃晒太阳补充维生素D,因为普通玻璃会过滤掉紫外线B(UVB,波长280～320纳米)。UVB与紫外线A(UVA,波长320～400纳米)、紫外线C(UVC,波长100～280纳米)是紫外线的3种类型。UVA的穿透能力强,可以穿透云层、玻璃、皮肤深层,是引起皮肤老化和皮肤癌的主要因素之一;UVB的穿透能力较弱,主要作用是刺激皮肤产生黑色素,是导致晒伤和皮肤癌的重要因素之一;UVC的穿透能力非常弱,基本上被大气层吸收,对人体的危害很小。正是UVB能够促进皮肤合成维生素D。因此,最好在户外晒太阳,并避免紫外线强烈的中午时段,可以在早晨或下午适度晒太阳,每天晒太阳的时间一般不超过30分钟。

3."三早"

早接触、早吸吮、早开奶是母乳喂养的重要原则,被称为"三早"。让宝宝尽快吃到母乳的方法叫作"开奶"。新生儿出生后,要尽快通过"三早"进行开奶。宝宝是世界上最好的"开奶师"。

早接触　新生儿出生后尽可能早地与母亲进行皮肤接触,有助于促进母婴情感沟通和亲子关系建立,同时也有助于新生儿的体温稳定和血糖控制。即使是剖宫产的妈妈也可以与宝宝早接触,注意避开妈妈手术刀口位置,用上半身接触宝宝或者由爸爸来替代妈妈的角色。

早吸吮　在新生儿出生后30分钟内应进行第一次哺乳,尽可能保证宝宝频繁地吸吮,有利于刺激妈妈的乳腺分泌乳汁,同时也有助于宝宝消化系统的发育。

早开奶　新生儿出生后2小时内需要喂养,以得到充足的营养,同时也可促进妈妈的乳汁分泌。

"三早"的实施有助于母乳喂养的成功,对新生儿的健康和生长发育具有重要意义。

如果是在母婴分离或其他无法让宝宝吃到母乳的情况下,可以用正确的手法为妈妈排奶,避免妈妈产生生理性"大涨奶",同时也可以为宝宝储备口粮。

结合"三早",补充一个重要的知识点:晚断脐。早接触、早吸吮、早开奶、晚断脐,合称为"三早一晚",这是目前育儿领域的科学方法之一。晚断脐指的是在新生儿出生后将脐带留置数分钟至数小时再断开。与传统的立即断脐相比,晚断脐可以降低新生儿贫血的发生率,可使宝宝体内多留存 20～30 毫升的胎儿血,这对于出生后的宝宝来说,是非常珍贵的营养补给。晚断脐还能降低宝宝发生贫血的概率,使宝宝的呼吸系统和循环系统更好地适应新环境,同时,宝宝的肺部能够更好地行使功能,也有助于提高宝宝的免疫力。晚断脐也可以促进母乳分泌,提高母乳喂养的成功率,并减少乳汁过多引起的胀奶问题。需要注意的是,晚断脐需要在医生的指导下进行,避免感染的发生。

4. 乳头凹陷

乳头凹陷是指妈妈乳头表面凹陷,会影响宝宝吸吮母乳的能力。对于乳头凹陷,可以采取以下措施。

使用乳头拉伸器　在喂奶前先使用乳头拉伸器,帮助乳头变得更加突出,便于宝宝吸吮。

手动按摩　使用手指按摩乳头周围的组织,帮助乳头变得更加突出。

使用矫正器　如果乳头凹陷比较严重,可以考虑采用矫正器矫正。

寻求专业帮助　如果上述方法仍然不能解决乳头凹陷的问题,可以寻求产科医生或者乳腺科医生的帮助,他们可能会给出更加详细的建议和治疗方案。

需要注意的是,乳头凹陷有可能影响母乳喂养的效果,所以如果需要母乳喂养的话,应及早采取措施并且坚持下去,解决乳头凹陷的问题。

5. 拍嗝

宝宝进食时会吞入空气,导致胃肠道内积聚气体。积聚的气体无法顺利排出,会影响宝宝的胃肠蠕动,导致不适甚至疼痛。因此,要用正确的方法拍嗝。以下是拍嗝的注意事项。

拍嗝的方法　建议采用"6 次手刀顺嗝法"(详见第八章第 15 问)。

拍嗝的时间　喂奶之前拍嗝。母乳喂养,每个奶阵结束后拍嗝;配方奶喂养,每 30 毫升吃完后拍嗝。喂完奶后的 15 分钟内拍嗝。

拍嗝的频率　每次喂奶都需要拍嗝。

拍嗝的力度　拍嗝的力度要适中,不宜过强或过弱,避免对宝宝造成伤害或达不到效果。

拍嗝的时长　拍嗝时间不宜过长,一般 10～15 分钟即可。

拍嗝的环境　拍嗝最好在安静的环境下进行,避免影响宝宝的休息。

需要注意的是,如果宝宝在吃奶后仍然有明显的不适症状,如持续哭闹、腹泻、呕吐,应及时就医。

（六）疾病预防护理

疾病预防护理是指在日常生活中,通过一系列的措施,预防宝宝常见疾病的发生和传播。新生儿的免疫系统尚未完全发育,容易感染疾病,因此要保持室内空气流通,避免室内积聚灰尘和烟雾。此外,要按照医生的建议进行疫苗接种和常规体检。以下是一些常见的疾病预防护理措施。

预防感染病　保持宝宝生活环境的清洁卫生,经常通风换气,勤洗手,避免与有感染病史的人亲密接触。在出现传染病疫情时,尽量减少外出,避免到人群密集的场所,注意隔离,避免接触有传染病史的人。

预防呼吸道疾病　避免长时间待在空气不流通的房间内,避免空气污染严重时带宝宝外出,避免带宝宝到环境污染严重的地方,注意保持室内湿度和温度适宜。

预防皮肤病　保持宝宝皮肤的清洁和干燥,尽量使用无刺激性的洗浴用品和护肤品,每天更换干净的衣物和尿布。

预防口腔疾病　注意口腔卫生,避免长期使用奶嘴或吸奶器,避免摄入添加糖分的饮料和食品。

预防营养不良　坚持母乳喂养或配方奶喂养,按照医生或营养师的建议给宝宝补充适量的维生素。

预防意外伤害　避免让宝宝单独留在高处;不要将宝宝放在硬的或有尖锐物的表面上;注意宝宝周围的危险物品,如刀具、药品等。

总之,通过科学、健康的生活方式,以及合理的饮食和护理方法,可以有效预防常见疾病。

（七）情感护理

情感护理是指照护者对宝宝进行的心理关爱和陪伴,旨在满足宝宝的情感需求,促进宝宝的身心健康发展。以下是情感护理的一些具体内容。

母乳喂养　母乳喂养不仅可以让宝宝获得母乳中丰富的抗体和营养物质,对宝宝的身体健康有益,还可以增进妈妈与宝宝的情感联系,增强妈妈对宝宝的亲密感和责任感。

皮肤接触　宝宝出生后需要与妈妈进行皮肤接触,妈妈的温暖和呼吸节律等会给予宝宝舒适感和安全感。

睡眠护理　优质的睡眠对于宝宝的身体发育和情感发展都非常重要。要保证宝宝有足够的睡眠时间,帮助宝宝建立稳定的睡眠习惯,如在固定的时间睡觉,避免在睡觉前刺激宝宝。

日常亲密接触　宝宝需要经常被抱和亲吻,以获得安全感。与宝宝的亲密接触也可以加强父母和宝宝之间的情感联系。

语言沟通　尽早与宝宝进行语言沟通,可以让宝宝感受到父母的关爱和温暖,还能提高宝宝的交流能力。

总之,情感护理是宝宝健康成长过程中不可或缺的一部分,可以促进宝宝的身体发育和心理发展,建立父母和宝宝之间的稳固联系。情感护理的优势在接下来的"早教技术"部分也能得到体现。

六 早教技术

其实,宝宝从一出生就应该开始接受早教了。苏联生理学家巴甫洛夫说过这样一句话:"婴儿降生第三天开始教育,就迟了两天。"所以,早教实际上是从第一天就开始的。

可能很多人会不理解:"宝宝出生第一天,生命力那么脆弱,我怎么给他做早教？"要知道,所有的新生儿在刚出生时生命力都特别顽强,他不仅要满足自己吃喝拉撒的需求,还要满足智力发育的需求。宝宝的发展规律可以总结为"从上到下,从中间向两端,由粗到细,由简单到复杂"。其中,"从上往下"就是指宝宝的大脑先发育。如果像很多人说的那样"宝宝要赢在起跑线上",那么,"起跑线"指的就是宝宝刚来到这个世界的时候,这时就已经注定了宝宝与宝宝之间的不同,"不同"就来源于不同父母的认知差别。

现在的宝宝普遍出生后睁眼较早。他们看看妈妈的眼睛,闻闻妈妈的味道,尝尝妈妈的乳汁,听听妈妈的声音,再去碰碰妈妈的皮肤。只不过宝宝刚出生时所能看到的范围非常有限,最远只能看到距离约 30 厘米处的东西,宝宝能听到的声音也是距离比较近的。但是有了这样的视觉和听觉,宝宝就已具备接受早教的条件。

早教的含义分为两种,一种是狭义的早教,一种是广义的早教。从宝宝出生到小学阶段,对他们进行有目的、有计划的系统化教育,这是狭义的早教。广义的早教是指从宝宝出生到小学阶段,根据宝宝的敏感期和成长的心理需求等各个方面的特点,对他们进行潜能的开发。宝宝有非常多的潜能,多到超出你的想象。

本章接下来的内容主要是为了帮助父母去发现宝宝的潜能,"放大"宝宝的潜能。宝宝的潜能包括想象力、记忆力、语言表达能力、情商、智商等。其中,情商也与心理健康密切相关。现在的青少年心理健康问题堪忧,有心理问题的孩子的年龄越来越小,因此我们更应该认识到早教的重要性。

"早教"即早期教育,最早由国外学者提出。该词来源于感觉统合理论。什么叫感觉统合？感觉统合就是把人的 7 种感觉,即视觉、听觉、触觉、嗅觉、味觉、前庭觉和本体觉统一起来。这些感觉被调动的时候,它们就像一系列齿轮一样协调运转,这就是具有较高感觉统合能力的要求。早教虽然被提出已有 50 多年,但它的理念和内容不是一成不变的。不要让思想停留在过去,而要遵循现代科学规律进行早教。

在我国,已经有非常多的早教机构去研究早教和开发早教课程,这为宝宝早教奠定了一定的基础。但是我们不要忽略原生家庭的亲子关系、夫妻关系等给宝宝成长带来的影响,如何维护这些关系是我们一生都要学习的课程。

很多宝宝缺乏安全感,离不开妈妈,比如一离开妈妈就哭闹不止。实际上,出现这种情况不代表这个宝宝很"特别",如认生、矫情、性格急躁,而恰恰表明宝宝早教的缺失。这种情况需要父母理智地面对。

早教不仅包括身体素质的培养,还包括良好品德、心理素质的培养。勇敢是人类非常珍贵的品质。这个品质是许多人缺少的。所以,我们要在促进宝宝智力发育的同时,让他们变得更加勇敢。

家庭中谁能够帮到孩子?父母当然是最能直接帮到孩子的人。如果你愿意在孩子 0—3 岁期间多花一些精力去学习早教知识,你的孩子 3 岁之后的教育将会轻松很多。

各个年龄段的早教内容是不一样的。从早教的角度看,宝宝刚出生的几天是一个阶段,0—3 岁是一个阶段,3—6 岁又是一个阶段。在每一个阶段,都要科学有效、随时随地地刺激宝宝的大脑。比如说,宝宝到了细微事物敏感期,会盯着一片小叶子看很久,父母可能不理解宝宝在看什么,实际上宝宝在自己观察、自己思考。再比如说,有的孩子上了小学常常不能一次性记全老师布置的作业,或者在考试时漏做题,这都与感觉统合有直接关系。

有效的统合宝宝的视觉、听觉、嗅觉、触觉、味觉、前庭觉、本体觉是非常重要的。如果宝宝触觉有问题,一种表现是过度需求,另一种表现是反应迟钝。过度需求的表现比如:特别依赖毛绒玩具,总是把它们往嘴里放,睡觉还要抱着。反应迟钝的表现比如:打针的时候不疼,打针后过一会儿才哭;总喜欢自己玩,不喜欢和其他小朋友共处。本体觉异常的表现比如:不喜欢爬高,不喜欢跳,不敢前滚翻、荡秋千,晕车,不分左右,走路的时候顺拐。如果宝宝不喜欢与其他小朋友分享,认为一切都是自己的,占有欲特别强,父母就需要帮助宝宝建立归属感和秩序感。有的宝宝不会拍球,不会跳绳,不敢捉迷藏,父母就需要给宝宝适当的刺激和教育。

早教的方法主要围绕 5 项行为训练:大动作、精细动作、语言能力、感知觉、社会认知能力。"三翻、五拉坐、六坐、八爬、九扶站、十站",这些叫大动作。有人认为大动作与宝宝的智力发育有关。精细动作是指宝宝手部的动作,如拿、捏、打、折、撕、掐。有人认为精细动作影响宝宝情商。语言能力不仅影响宝宝的听、说、读、写能力的发展,而且与宝宝的思维能力密切相关。感知觉是脑对当前直接作用于感觉器官的客观事物的反映。知觉是在感觉的基础上产生的，而且是比感觉更高级、更复杂的认知过程。社会认知能力指宝宝在与他人的交往中认识他人，了解他人心理、表情、语言、行为等的能力。

　　0—6岁宝宝处在敏感期。其中，0岁至2岁半是宝宝的感官敏感期，他们的视觉、听觉、嗅觉、触觉、味觉非常敏感。6个月至1岁是宝宝的拼音敏感期，在这个阶段要多对宝宝说话。6个月至1岁是为宝宝添加辅食的阶段。宝宝因为长期吃泥糊状食物，所以嘴巴还不灵活，不仅咀嚼能力不强，语言能力也不好。如果这个阶段，大人对宝宝讲话"词穷"，比如总是说"喝水水""吃果果""看车车"等叠词，那么宝宝只能接触到很少的词语，自然就会说话晚。0岁至2岁半是早教的黄金期。如果宝宝某一阶段特别喜欢钻桌子、钻衣柜，那么这个阶段就是空间敏感期，宝宝在发展对空间的感知能力，若父母此时贸然干预，将来宝宝有可能出现恐高等问题。

　　新生儿应该接受早教。宝宝出生第一天要做"四够一统"，"四够"指哭够、玩够、趴够、触够，"一统"指感觉统合，可以简单记忆为"哭玩趴触和感统"。

（一）哭够

　　出生第一天，宝宝可以适当地哭。哭是对宝宝心肺功能的锻炼，可以提升肺活量。当宝宝哭的时候，可以帮助宝宝翻过身来，抚摸宝宝。

（二）趴够

　　只要是足月儿都可以趴。上文提到，新生儿出生要"三早"，早早做吸吮的动作，早早接触妈妈的皮肤，早早吃奶。宝宝来到这个世界后，喜欢趴在妈妈的身上，以非常轻微的动作蠕动。妈妈的乳晕上有一些小结节——蒙氏结节，它们会散发类似于羊水的味道。宝宝从妈妈肚子里出来后没有安全感，所以喜欢找寻羊水的味道，会自然地蠕动到妈妈胸前。在蠕动的同时，宝宝可能会慢慢睁开双眼，手放在嘴巴里，开始原始的吸吮反射。宝宝继续蠕动，爬到妈妈的胸前，张大嘴巴开始吸吮乳汁。趴有很多种：妈妈可以身体向后靠在靠枕上，宝宝趴在妈妈的身上，这种趴法叫作俯腹趴；宝宝也可以直接趴在床上、靠枕上，或其他温暖、柔软的斜面上，不必担心这样趴会伤害宝宝的脐带。因为他们的腿部姿势像青蛙腿，这种趴法也叫青蛙趴。

（三）触够

剖宫产的妈妈也可以与宝宝做肌肤接触。宝宝可以趴在妈妈的身侧,避开刀口的位置。妈妈要多去抚摸宝宝。不要给宝宝戴手套、穿袜子,要让宝宝多去触摸。

（四）玩够

要让宝宝在清醒的状态下玩耍。新生儿要做追视训练,比如做黑白色卡或闪卡训练。宝宝出生15天后就可以做闪卡训练:给宝宝准备6张黑卡、1张红卡,依次展示6张黑卡各1秒钟,再展示红卡1秒钟。闪卡训练可以帮助宝宝形成照相机记忆,而照相机记忆是记忆宫殿搭建的最基本逻辑。

（五）感觉统合

感觉统合对于新生儿也有重要的意义。比如说,宝宝嗜睡,我们可以用"太空抱"的抱姿,让宝宝处于失重的状态,宝宝就会醒来。

人的内耳有与维持身体平衡有关的结构,如前庭和半规管。3条半规管与椭圆囊、球囊中有内淋巴液,当人在原地转圈后突然停止,内淋巴液往往延后一段时间才停止流动,因此人会感到眩晕。有的宝宝三四个月大的时候会频繁摇头,原因是内耳没有发育完全,内淋巴液的流动性较差。

宝宝出生15天后可以做被动操,锻炼手和脚。需要注意新生儿手肌张力的问题。新生儿的手肌张力较高,表现为拇指内扣,呈横向抓握,那么,该如何去练习精细动作呢?可以用触摸的方法让宝宝的手松弛、打开:轻轻地从宝宝的手掌根部向指尖揉,360°地揉每根手指,再捏一捏宝宝的手,从手掌捏到手腕。有的宝宝背部总是向后仰,呈C形,这也是肌张力高的表现。可以通过抚触操、被动操,在宝宝背部多做手指"走路"的动作,要注意避开脊柱区域。这样,肌张力高就慢慢缓解了。

新生儿可以听音乐,比如《东北摇篮曲》、舒伯特《摇篮曲》、勃拉姆斯《摇篮曲》。

照护新生儿要注意:第一,用各种方式多抚摸宝宝,但不要拍宝宝。经常拍宝宝易影响宝宝的专注力。本书所介绍的哄睡宝宝、给宝宝止哭等方法都不是用拍的方式。第二,多与宝宝讲话。第三,宝宝可以哭,但要及时地去安抚,如采用"3秒钟止哭"的方法。第四,重视感觉统合。

1. 抚触

抚触的注意事项:

(1)抚触尽量安排在洗澡后,室温22℃～26℃。

(2)照护者的手一定要干净,不能留长指甲,也不能佩戴饰物,否则容易划伤宝宝。

(3)要先观察宝宝的状态,尽量不要在宝宝哭闹的情况下做抚触,不然可能会影响宝宝的安全感。

抚触的步骤:

(1)在手上滴抚触油,给宝宝做脸部抚触:从宝宝眉毛到太阳穴横向抚摸;从宝宝眉心到发际线,从下往上,两手交替抚摸;从宝宝的下颌到耳根抚摸,要外延到外耳郭的位置,揉摸整个耳部。

抚触的步骤

(2)做胸部抚触:避开宝宝的乳头,从腋下往上抚摸到肩部,重复3～5次。

(3)做腹部抚触:双手顺时针反复揉摸宝宝的腹部,大肠位置可以多揉摸,促进宝宝的肠道蠕动,有利于排气和排便。

(4)做四肢抚触:不要搓,而要360°地轻轻揉捏。尤其是宝宝拇指内扣时,要从手背开始揉捏,再从手掌根部向指尖方向揉捏,最后轻轻地捏一下每个指头。

2. 被动操

被动操共8节,分别是双臂交叉运动、屈伸肘关节运动、活动肩关节运动、上肢伸展运动、活动踝关节运动、蹬自行车运动、抬腿运动、身体翻转运动。第一节双臂交叉运动,注意让宝宝的手掌打开。第六节蹬自行车运动有利于缓解宝宝的肠胀气。第八节身体翻转运动,注意护住宝宝的颈椎,让宝宝双臂交叉翻身,变成趴的姿势,让宝宝趴一会儿。如果宝宝不想趴了,托住宝宝的颈部将他翻过来就可以。

被动操的步骤

被动操适合0—6个月的宝宝。宝宝出生15天后就可以做。要注意早产或者心肺有问题的宝宝,一定要达到生理标准或者满月后才可以做。若宝宝有吐奶或者哭闹严重的情况,不要做被动操。

第三章 | 2 个月宝宝如何养育

古之善为士者，微妙玄通，深不可识。夫唯不可识，故强为之容：豫兮若冬涉川；犹兮若畏四邻；俨兮其若客；涣兮若冰之将释；敦兮其若朴；旷兮其若谷；浑兮其若浊。

孰能浊以静之徐清？孰能安以久动之徐生？

保此道者不欲盈。夫唯不盈，故能蔽不新成。

——《道德经》第十五章

释义/

古代那些致力于研究道的人，对客观事物的运动现象、内在本质及其作用关系有全面的了解，但是又无法通俗地表达，所以只能勉强形容它们的大概情况。

事物的内在本质对外部现象产生作用时，能够显现出一些迹象：有时它显得安然自如，像冬季经过山川大地一样毫无顾忌（春、夏、秋季经过山川大地会遭到猛兽等的伤害）；有时它又像伶俐的猿猴一样，刚被发现一丝踪迹又躲藏起来；有时它又像庄重的客人一样，堂堂正正地面对我们。很多事物的本质过于抽象，无法预测。肯致力研究事物的本质，而不盲目崇拜，才是真正的智者。

怎样才能在浊乱混杂的环境中保持澄净？一个原则就是"静"。怎样才能在动荡不定的环境中生存？一个原则就是"安"。"安"与"静"既是自然运行规律中转换的契机，又是修身必行的课程。

育儿

照护宝宝,重要的是以"安"和"静"的心态面对变化,从现象着手,探求本质,这样才能在宝宝的每个成长阶段都获得内心的安逸。

下面我们就从现代科学角度,详细讲述照护 2 个月宝宝应该如何做到原理与技术的结合吧!

一 生长发育特征

宝宝在出生后第二个月,生理上的变化仍然很快,但是与第一个月相比有一些不同。以下是2个月宝宝身体发育的一些新变化。

(一)体重和身高增长

宝宝在出生后第二个月的体重和身高通常都会有显著的增长。一般来说,一个健康的宝宝在出生后的第二个月体重会增加600～900克,身高会增加2.5～4厘米。也就是说,正常情况下,体重每天应该增加20～30克,身高每周增加0.5～1厘米。如果宝宝的体重和身高的增长速度过快或过慢,那么需要咨询医生。

注意:每个宝宝的生长速度都不同,因此这些数据仅供参考。如果担心宝宝的生长情况,应咨询医生。

(二)视力和听力发展

出生后第二个月,宝宝的视力和听力有了进一步的发育。视力方面,宝宝可以看清楚距离自己30厘米以内的物体,开始对颜色、形状和运动产生兴趣,可以转头追随移动的物体。此外,宝宝的瞳孔和视网膜也在进一步发育,眼睛的调节功能也慢慢提高。听力方面,宝宝的听觉中枢进一步发育,能够更好地处理听觉信息。宝宝能够分辨频率不同的声音,对人的声音和环境的声音产生兴趣,并能转头寻找声源。宝宝的手眼协调能力也有所提高,可以更好地追踪和抓住移动的物体。

(三)头部发育

出生后第二个月,宝宝的头部发育主要表现在以下几个方面。

1. 头部大小

宝宝头围的增长速度比身高和体重的增长速度快。头围的增加主要是由于头骨的发育和脑部发育。通常情况下,2个月宝宝的头围平均约为37.5厘米。

2. 头部姿势

2个月宝宝的颈部肌肉力量逐渐增强,可以自行控制头部,能够将头部从一侧转向另一侧,能够抬起头并保持一段时间。

3. 头发生长

每个宝宝的头发生长速度不同,有的宝宝的头发可能比其他宝宝更早或更晚生长。一般来说,宝宝的头发每个月生长0.5～1厘米。以下是一些有助于宝宝头发生长的护理建议。

温和洗发　使用适合宝宝的洗发水,每周洗1～2次。用温水冲洗,不要用热水或冷水。

轻柔梳理　用较软的婴儿梳轻轻地梳理宝宝的头发,不要拉扯头发,以免造成头发断裂。

避免束发　宝宝的头发太细,容易断裂,不要用紧绷的发带或其他束发用品,以免损坏宝宝的头发。

保持头皮清洁　及时清理宝宝头皮的污垢和油脂,以保持头皮清洁和健康。

需要注意的是,宝宝的头发生长与遗传、营养、环境等因素都有关系,因此,要关注宝宝的饮食、睡眠和生活环境等方面的问题。如果宝宝的头发长时间没有明显的生长,可以咨询医生。

注意事项:

颈部皮肤护理　宝宝的头部移动频繁,因此颈部皮肤很容易出现皱纹和红疹。给宝宝洗澡时应特别注意清洁颈部,日常保持宝宝颈部皮肤干燥、清洁,避免擦伤和摩擦。

按摩　可以轻轻按摩宝宝的头部和颈部,促进血液循环和肌肉发育。按摩时要注意力度适中,不要用力过度或过于粗暴。可以在每天洗澡或喂奶后进行按摩。

避免压迫　为了防止宝宝头部不规则发育等问题,不要长时间让宝宝佩戴头盔或太紧的帽子。要尽量保持宝宝头部处于自然状态,避免压迫宝宝头部。

(四)声音和表情

2个月宝宝开始尝试模仿他人的表情和声音,可以发出咿呀声和尝试微笑。

(五)睡眠时间

2个月宝宝一般每天睡14～16小时,但每个宝宝的睡眠需求不同。

(六)肠胃发育

2个月宝宝的肠胃功能逐渐发育完善,可以更好地消化食物并更加规律地排便。此时,宝宝的肠胃发育主要表现出以下特征。

1. 胃容量增加

出生后第二个月时,宝宝的胃容量已经比出生时增加了3倍左右,能容纳90～150毫升的食物。

2. 肠道蠕动能力加强

此时,宝宝的肠道蠕动能力比出生时增强,食物的消化和吸收能力也相应提高。

3. 肠道菌群形成

出生后第二个月时,宝宝的肠道菌群逐渐形成,这对于维持肠道健康和免疫系统功能的正常发挥起着重要作用。

肠道菌群是指寄居在人肠道内的正常菌群、机会致病菌、致病菌等。这些微生物与人体密不可分,对人体的健康至关重要。正常的肠道菌群可以协助消化、吸收、代谢营养物质,调节肠道内的免疫功能,抑制有害细菌的生长,防止肠道疾病的发生。

宝宝出生后,肠道菌群的建立和发育是一个逐步发展的过程。新生儿肠道内主要存在胎儿期来自母体的菌群和出生后来自环境的菌群。出生后因喂养方式的不同,宝宝的肠道菌群会发生变化。因此,保持肠道菌群的平衡对宝宝的健康至关重要。建议尽量选择母乳喂养,在母乳不足时再适当补充配方奶;不要滥用抗生素等药物,以免破坏宝宝肠道菌群的平衡。

宝宝出生后,随着时间的推移,肠道菌群会逐渐建立。这需要一个过程,因此,不建议给新生儿直接补充益生菌。此外,一些益生菌含有过多的乳糖和酸性物质,可能会引起宝宝的消化问题,对宝宝的健康不利。如果宝宝过量摄入益生菌,也有可能产生以下副作用。

消化不良　过量摄入益生菌可能导致宝宝腹泻、腹胀、腹痛等消化不良症状。

过敏反应　有的宝宝会对某些益生菌产生过敏反应,如发痒、皮疹、呼吸急促等。

免疫系统抑制　虽然益生菌对增强免疫力有帮助,但是过量摄入反而可能抑制免疫系统,使宝宝更容易感染疾病。

如果出于一些原因,不得不给宝宝补充益生菌,需要听医生的建议,避免过量摄入,并注意观察宝宝的反应。如果出现不良反应,应立即停止使用并就医。

(七)口腔功能发展

宝宝的吞咽和咀嚼功能在出生后第二个月进一步发展,有利于更好地摄取母乳或配方奶。2个月宝宝的牙床和口腔肌肉变得更加强壮,能够控制嘴巴和舌头的运动,开始出现口水,也能够自主地将手放到嘴里进行吮吸和探索。

此外,在出生后第二个月,宝宝的吞咽反射也变得更加协调。当宝宝吞咽食物时,咽部肌肉收缩,能保证食物由口腔进入胃,而不会误入气管,从而避免窒息的发生。吞咽反射通常从胎儿时期开始发育,在出生后的前几个月里逐渐完善。在喂养宝宝时需要特别注意,确保宝宝的头部和身体保持正确的姿势,同时控制喂养速度和食物的温度,避免造成宝宝呛到或窒息的情况。当宝宝的舌头被轻轻刺激时,他们会立刻进行吞咽,这是宝宝自我保护的本能反应。可以为宝宝提供适当的口腔刺激,例如,使用安全的婴儿牙刷轻轻按摩宝宝的牙床和牙龈,让宝宝体验新的口腔感受。同时,避免让宝宝接触过多的甜食和酸性食品,以防止口腔细菌滋生和蛀牙的发生。

（八）大便变化

出生后第二个月时，宝宝的大便由刚出生时的胎便逐渐变为更成熟的大便，排便次数也相对稳定。具体来说，宝宝的大便会发生以下变化。

颜色　通常情况下，宝宝大便的颜色从刚出生时的黑色转变为淡黄色或黄褐色，这是由于黄绿色的胆汁进入宝宝的肠道。

质地　宝宝的大便会变得软而浓稠，与糊状物相似。这是由于宝宝的消化系统逐渐成熟，肠道的吸收能力增强。

频率　宝宝的大便频率可能会降低，通常在每天两次到每周一次之间，这是由于宝宝的肠道功能开始逐渐形成规律。

气味　宝宝的大便会变得比以前更臭，这是由于宝宝的消化系统变得更加成熟。肠道菌群的变化也会导致大便气味的改变。

需要注意的是，如果宝宝的大便颜色或质地异常，或者大便频率发生显著的变化，或者宝宝出现其他异常症状，如腹泻、呕吐，应及时咨询医生。

1. 绿色大便

如果宝宝的大便呈绿色，可能是由以下因素造成的。

食物消化不良　宝宝的消化系统尚未发育完全，因此有时候难以消化食物，导致大便变绿。

宝宝吃奶粉　一些奶粉含有铁，铁摄入过多可能导致宝宝的大便变绿。

宝宝喝母乳　妈妈的饮食如果摄入的铁过多，宝宝的大便会呈绿色。

维生素补充过多　如果宝宝过多地摄入了维生素，特别是维生素 B，可能会导致大便变绿。

感染　如果宝宝感染了某些疾病，如感冒、腹泻，可能会导致大便变绿。

如果宝宝只是偶尔出现绿色大便，一般不会有太大的问题。但如果持续出现绿色大便或伴随其他症状，如发热、呕吐、腹泻，应及时就医。

2. 泡沫大便

宝宝排泡沫大便往往是由母乳当中的乳糖导致的。妈妈的饮食中相当一部分的营养物质会转化成乳汁。如果妈妈吃的碳水化合物过多，会导致宝宝排泡沫大便。但这不是生病的表现，妈妈注意调整饮食就可以了。

3. 奶瓣大便

奶瓣大便是指宝宝的大便中带有类似奶瓣的白色颗粒,这种情况通常出现于母乳喂养的宝宝。母乳中的蛋白质和脂肪有时会在宝宝肠道内凝聚成小颗粒,排出体外就形成了奶瓣大便。如果是奶粉喂养的宝宝排奶瓣大便,通常是因为冲泡奶粉没有使用"15分钟冲调法"(详见第二章)。奶瓣大便并不是疾病或异常情况,只要宝宝没有其他异常症状,如腹泻、便秘、肚子疼,通常不需要太过担心。但如果宝宝的大便颜色异常,比如出现黑色、白色,或者大便质地过于稀烂或者硬结,就要及时咨询医生。

4. 黏液大便

宝宝排黏液大便可能是以下原因。

消化不良 宝宝的消化系统尚未发育完全,有时候消化不良也会导致黏液大便。

过敏 宝宝对食物或环境中的过敏原过敏时,肠道黏膜会分泌大量的黏液,也会导致黏液大便。

感染 某些病毒或细菌感染也能导致黏液大便。

肠梗阻 肠梗阻也是黏液大便的原因之一,此时大便排出不畅,黏液会与大便混合在一起排出。

如果宝宝出现黏液大便,并伴随其他症状如腹泻、便秘、发热,应及时就医诊治。

5. 红色血丝大便

宝宝排红色血丝大便,可能存在肛门周围皮肤破裂、肛门内壁裂伤或者直肠区域出血等情况。具体原因如下。

便秘 由便秘引起的肛门括约肌紧张,可能导致肛门周围皮肤破裂,进而使大便带有少量血丝。

痔疮 痔疮是肛门静脉曲张的一种表现。宝宝患有痔疮时,排便可能出现少量血液,尤其是在便秘或拉肚子时。

肛裂 肛裂是指肛门内侧皮肤或肛门括约肌裂开,通常由便秘或拉肚子时受到的压力太大引起,排便时可能出现疼痛和血丝。

过敏　有的宝宝对母乳或奶粉中的蛋白质过敏,可能导致肠道出血。

如果宝宝排红色血丝大便,应及时就医检查以确定原因。

6. 水样大便

宝宝排水样大便可能是以下原因。

消化不良　宝宝的肠胃还未发育完全,对某些食物的消化能力较弱,导致食物未被充分消化就被排到体外,出现水样大便。

病毒感染　宝宝容易感染肠道病毒,如轮状病毒、诺如病毒等。这些病毒会引起腹泻,使大便呈水样或稀糊状。

饮食调整　宝宝饮食调整时,例如由母乳转换为配方奶或添加辅食,可能会出现肠胃反应,导致水样大便。

过度喂养　过度喂养可能会导致宝宝肠胃负担过重,引起水样大便。

肠胃炎　如果宝宝出现腹泻、发热等症状,且大便呈水样,有可能是肠胃炎所致,需要及时就医。

对母乳不耐受　水样大便常出现于对母乳不耐受的宝宝。

总之,出现水样大便需要注意观察宝宝的情况,及时处理,尽量避免宝宝脱水,必要时应及时就医。

7. 攒肚子

在宝宝的成长过程中,大便的次数和形态会随着时间而发生变化,这是正常的生理现象。2个月宝宝的消化系统逐渐发育成熟,肠道内的菌群也在逐渐建立,这些因素都会影响宝宝的大便情况。有时候,宝宝会出现间歇性便秘或者轻度便秘,也会出现攒肚子,也就是攒大便的情况,宝宝一两天不拉大便。但如果宝宝没有出现明显的不适,如腹胀、腹泻,一般不需要过分担心。如果宝宝的大便情况长时间不正常,建议及时咨询医生,以确定是否存在消化系统问题。同时,注意观察宝宝的生活习惯尤其是饮食习惯,保证宝宝的饮食营养均衡,避免给宝宝喂食过多的蛋白质和不易消化的食物,同时保证宝宝有足够的运动和睡眠,有利于促进肠道蠕动,缓解便秘的症状。

二 护理技术

（一）关注宝宝的猛长期

猛长期是宝宝生长发育中的一个重要阶段,通常在出生后的3周、6周、3个月和6个月左右出现。在这些阶段,宝宝会快速生长发育,身高、体重、头围等方面都会有明显的增长。具体表现如下。

进食量增加　宝宝会比平常更频繁地吃奶,而且可能会有更大的奶量需求。

睡眠时间减少　宝宝可能会因为肚子饿而经常醒来,并且难以入睡。

需要更多关注和照顾　宝宝在这个阶段需要更多的营养和能量,因此照护者需要花更多的时间和精力来照顾宝宝,确保宝宝得到充足的喂养、睡眠和适当的护理。

情绪不稳定　宝宝可能会因为肚子饿或者不舒服而哭闹不止,情绪不稳定。

总的来说,猛长期是宝宝生长发育中非常重要的阶段,需要照护者更加关注宝宝的健康状况,及时应对宝宝的需求变化并做出调整,确保宝宝健康成长。以下是一些可供参考的建议:

提供足够的食物　在猛长期,宝宝需要更多的食物来满足身体的需求。如果是母乳喂养,可以给宝宝增加哺乳次数或让宝宝吸更长时间;如果是奶粉喂养,可以适当增加宝宝的进食量,但不要过度喂养。

提供舒适的睡眠环境　猛长期,宝宝睡眠时间减少。要为宝宝提供安静、舒适的睡眠环境,减少刺激和干扰。

提供足够的抚慰　宝宝在猛长期需要更多的关注和照顾。可以适当增加对宝宝的拥抱、亲吻等亲近行为,让宝宝感到关爱和安全。

关注宝宝的情绪和行为　宝宝在猛长期可能会出现焦躁不安、哭闹、失眠等情况。要耐心地安抚和照顾宝宝,注意观察宝宝的行为变化,及时发现并解决问题。

（二）避免过度喂养

过度喂养指的是宝宝摄入的营养过多,超过了宝宝实际需要的量,导致宝宝体重增长过快。过度喂养对宝宝的身体健康和正常发育都有影响。以下是与过度喂养有关的现象。

1. 体重增长过快

在短时间内宝宝的体重增加较多,超过了同龄宝宝的体重增长速度,可以判断为过度喂养。

0—6个月宝宝的标准体重计算公式:

当前月龄宝宝的体重(千克)＝出生时体重(千克)＋月龄×0.7千克。

7—12个月宝宝的标准体重计算公式:

当前月龄宝宝的体重(千克)＝6千克＋月龄×0.25千克。

按照上述公式计算出当前月龄宝宝的标准体重,比标准体重高或低0.5千克都是正常的;如果差得太多,就是过度喂养或者喂养不足。

2. 吃完还想吃

宝宝已经吃得很饱,却还是不停地要吃的,一般是到了口欲期。如果把宝宝口欲期的表现错认为饥饿的信号,就容易过度喂养。宝宝在口欲期表现为对口腔的各种刺激感兴趣,喜欢用嘴的吸吮、咀嚼、啃咬等动作来探索周围的环境。这个阶段通常会在出生后的前几个月出现,到宝宝开始长牙时结束。在口欲期,宝宝常常会将手指、拳头、玩具等放到嘴里,尝试吸吮、咀嚼等,以满足对口腔的探索需求。口欲期是宝宝探索世界和自我认知的重要时期,同时也是牙齿生长和语言发展的前奏。可以采取以下措施来帮助宝宝度过口欲期:

提供安全的口腔刺激物 给宝宝提供一些安全的玩具、安抚奶嘴等口腔刺激物,让宝宝吸吮、咀嚼、探索。要确保这些物品不会对宝宝造成伤害。要注意吸吮的时间。不能让宝宝只吸吮某一样东西,也不要频繁更换。例如,可以上午吃手,下午吃安抚奶嘴,傍晚吃咬胶;也可以今天吃手,明天吃安抚奶嘴,后天吃咬胶。不要让宝宝睡着后仍吸吮。

注意卫生 宝宝的口腔需要保持卫生。应定期给宝宝擦拭手指、玩具等,

减少细菌附着。

及时响应　如果宝宝在口欲期出现哭闹、焦躁等情况,应及时响应并提供适当的口腔刺激物,以缓解宝宝的不适。

总之,宝宝的口欲期是一个非常重要的时期,应给予宝宝适当的关注和照顾,满足宝宝对口腔探索的需求,同时要注意安全和卫生问题。

3. 经常呕吐

由于喂食过量,宝宝的胃容量超过了承受范围,导致宝宝经常呕吐。因此,不要"按哭喂养",而要"按需喂养"。每次喂完奶,都应过段时间再让宝宝睡觉,而不是让宝宝吃完奶接着睡觉。

通常,宝宝24小时的喂养量可以按此公式计算:宝宝24小时的喂养量(毫升)=宝宝体重(千克)×150毫升/千克。那么,每次的喂养量就用24小时的喂养量除以24小时内的喂养次数。如果宝宝吐出豆腐渣一样的奶块,可以采用加次减量法,即在24小时的喂养量不变的情况下,增加喂养次数,则每次的喂养量减少。这样可以减轻宝宝胃肠道的负担。

宝宝的胃是什么样的?

胎儿期,母体内的养分是通过脐带输送到胎儿体内的,因此新生儿的消化系统还未发育完全,胃较小,且位置比较高,位于膈肌上方,近乎水平方向。随着生长发育和进食方式的改变,宝宝的胃逐渐向下移动并且逐渐变得垂直,也逐渐变大。通常在出生后的几周或几个月内,宝宝的胃会逐渐接近成人的胃的位置和形态。

宝宝的胃壁较薄,且肌肉组织发育不完善,所以胃的弹性较低,胃不能像成人的那样在食物进入后迅速蠕动。此外,宝宝的食管和胃之间的括约肌也还没有发育完全,导致食物通过这个通道的速度比较慢,所以容易产生反胃、呕吐等情况。因此,要注意控制喂养的量和频率,给予足够的消化时间,以避免呕吐等问题的发生。同时,在宝宝吃奶前、中、后应该拍嗝,有助于让胃中的食物向下运动,减少反胃、呕吐的发生。如果宝宝有反胃、呕吐等情况,应该立即停止喂养。

如果宝宝每次吐奶都呈喷射状,要小心幽门狭窄。幽门狭窄是一种先天性的胃肠道疾病,指幽门(胃与十二指肠之间的孔,是胃的出口)口径缩小。幽门狭窄导致胃排空受阻,胃内容物无法顺利通过幽门进入十二指肠,宝宝出现呕吐、喂养困难等症状。幽门狭窄的病因尚不明确,可能与胚胎期胃肠道异常发育有关。在部分病例中,幽门狭窄与遗传因素有关。幽门狭窄可以通过手术治疗来解决。幽门狭窄的表现主要包括以下几点。

呕吐 幽门狭窄会导致胃内容物不能顺利排出,宝宝频繁呕吐或呕吐量增多。

食欲缺乏 由于胃排空受阻,宝宝食欲会受到影响,出现食欲缺乏或拒食的症状。

腹胀、腹泻 幽门狭窄也可能引起宝宝肠胃道胀气、腹泻等消化道不适症状。

体重下降 由于幽门狭窄,宝宝不断呕吐或者食欲缺乏,体重也会下降。

如果宝宝出现以上症状,应及时就医。

4. 过度肥胖

如果宝宝的身体质量指数(BMI)超过正常范围,大概率是因为喂食过量且运动不足。应当参照正确方法进行喂养,不过重点还是要按照宝宝的生长发育情况、情绪变化进行合适的早教,科学地消耗能量。

5. 经常出现消化问题

由于喂食过多,宝宝的肠胃系统无法承受,会出现消化不良等问题。如果发现宝宝出现消化问题,应及时调整喂养方式,避免过度喂养。同时,也应该注意与医生或营养师沟通,了解宝宝实际需要的营养量和科学的喂养方法。

(三)培养睡眠习惯

2个月宝宝仍然需要每天睡16～17小时,但是睡眠已经开始有规律,晚上和白天的睡眠开始有明显差别:晚上的睡眠时间更长,为9～11小时;而白天则分成2～3次小睡眠,每次1～3小时。此外,宝宝的睡眠深度逐渐加大,深度睡眠的时间也逐渐延长,通常40～60分钟。宝宝的睡姿也逐渐变化,可以侧卧或仰卧。宝宝的睡眠对于身体的发育尤其是大脑的发育非常重要,因此应保证宝宝有足够的睡眠时间和良好的睡眠环境,提高宝宝的睡眠质量。

宝宝在吃奶的时候处在温暖舒适的环境里,有妈妈的陪伴,很容易入睡。

宝宝在吃奶的时候睡着,就是奶睡。奶睡虽然看起来很方便,但也有一些潜在的危害。

窒息 由于宝宝的呼吸道狭窄,在喝奶的时候如果进入深度睡眠状态,极少数情况下会窒息。应让宝宝在清醒的状态下吃奶,保证呼吸通畅。

蛀牙 奶睡可能会增加宝宝蛀牙的风险。因为宝宝在睡眠时口腔中残余的奶水有助于细菌繁殖,牙齿容易受到侵蚀。

胀气和腹痛 如果宝宝在吃奶的时候入睡,难以有效吞咽和消化乳汁,容易导致胀气和腹痛。

睡眠问题 奶睡可能会导致宝宝不习惯自己入睡,并且无法保持较高的睡眠质量。这可能会导致宝宝在夜间醒来,变得易怒和不安。

缺乏独立性 宝宝如果习惯于在吃奶时入睡,离开母亲怀抱时就容易感到不安。这可能会使宝宝更难适应独立睡眠。

因此,应尽可能避免奶睡这种睡眠方式,要帮助宝宝养成良好的睡眠习惯。

培养宝宝的睡眠习惯需要耐心和恒心。以下是一些建议。

1. 建立昼夜节律

建立昼夜节律是帮助宝宝养成良好睡眠习惯的重要一步。以下是建立昼夜节律的一些方法。

白天有足够的活动量和光照 白天,让宝宝在光线充足的环境下活动,尽可能保持宝宝的兴奋状态,并尽可能避免让宝宝太长时间睡觉。

晚间尽量减少刺激 在宝宝即将入睡时,应尽量减少对他们的刺激,如大声说话、玩具的响声,以免打扰宝宝入睡。切记,哄睡的过程中应将灯光调暗;不要开着小夜灯睡觉,因为灯光会影响人体褪黑素的产生,从而影响免疫力。

建立固定的睡眠时间表 建立固定的睡眠时间表,让宝宝逐渐适应规律的生活节奏。每天大致相同的睡眠时间可以让宝宝更容易入睡,并且睡眠状态更加稳定。

创造适合睡眠的环境 为宝宝提供舒适、安全和安静的睡眠环境。床铺要干净、柔软、安全。可以为宝宝铺上薄毯子,以保持温暖。同时,避免给宝宝覆盖厚重的被子,避免被子盖住宝宝头部导致窒息。

需要注意的是,每个宝宝的睡眠习惯都不同,要根据宝宝的实际情况和需要进行相应的调整。

2. 做睡前预备活动

睡前预备活动是帮助宝宝养成良好睡眠习惯的重要一环。睡前预备活动可以帮助宝宝感觉到睡觉的信号,从而更容易入睡;还可以让亲子关系更加密切。以下是一些推荐的睡前预备活动。

洗澡　洗澡可以让宝宝心情放松,舒缓身体,减轻疲劳感,做好入睡的准备。需要注意洗澡水温适中,不要过热,避免烫伤宝宝。

换尿布　睡前给宝宝换上干净的尿布是一项必要的睡前例行活动。这样可以避免宝宝在睡觉时因为尿布不舒服而醒来。

按摩　轻柔的按摩可以促进宝宝放松,缓解不适。特别是在宝宝肚子疼或便秘的时候,按摩还可以帮助排气,缓解疼痛。可采用"5分钟哄睡"技巧,让宝宝更舒适地入睡。

5分钟哄睡

穿睡衣　宝宝睡觉时最好穿宽松、柔软、透气的衣服,不要选择紧身、硬质或者粗糙的衣服。还可以选择带有袖子的睡袋,避免宝宝睡觉时掀开被子。

听音乐或讲故事　可以在睡前播放轻柔的音乐或者讲故事给宝宝听,帮助宝宝放松,进入睡眠状态。

晃动摇篮　如果宝宝习惯于睡在摇篮里,那么睡前轻轻晃动摇篮也可以帮助宝宝进入睡眠状态。

需要注意的是,每个宝宝的睡眠需求和喜好不同,可以根据宝宝的实际情况选择适合的睡前预备活动。同时,这些活动也应有一定的规律性,不要每天更换预备活动,否则会让宝宝感到不安。

3. 喂养有规律

建立喂养的规律,让宝宝在规律的时间里进食,有助于调节宝宝的生物钟,让宝宝更容易入睡。

4. 注意宝宝的睡眠信号

观察宝宝睡眠信号是帮助宝宝养成良好睡眠习惯的重要步骤之一。以下是宝宝的常见睡眠信号。

眼睛疲劳　宝宝眼睛疲劳时,可能会摇头、眨眼、眼睛红肿。

打哈欠　宝宝打哈欠可能是困倦的信号。

手部动作　宝宝摸自己的耳朵或头发,或者手变得比较安分,是困倦的表现。

焦躁不安　当宝宝需要睡觉时,他们可能会变得更加不安,表现出哭闹、挣扎、拒绝玩耍等行为。

观察这些睡眠信号可以更好地了解宝宝的睡眠需求,并及时为宝宝提供帮助。

需要注意的是,宝宝睡眠习惯的养成不是一蹴而就的,需要照护者的持续努力和耐心。

三 早教技术

宝宝出生后的第二个月要进行以下方面的训练。

（一）抬头

让宝宝练习抬头有 3 种方法。

第一种　妈妈上身后仰 45°,呈半躺姿势。宝宝趴在妈妈的身上,妈妈讲话时,宝宝会抬头看。这种方式简单,几乎随时随地都可以训练。建议妈妈和宝宝都不要穿衣服,贴着身体效果最佳。

第二种　宝宝呈趴卧的姿势,手要放在下颌处。可以拿玩具在宝宝面前逗引宝宝,也可以与宝宝交流,引起宝宝的注意,让宝宝慢慢练习抬头。

第三种　将枕头或靠枕等摆成斜坡,让宝宝趴在上面。可以在宝宝面前与宝宝互动。

（二）趴

宝宝练习趴的注意事项：饭后 30 分钟再练习趴；要在宝宝状态最佳的时候练习，比如宝宝吃奶后，不要让宝宝太累；给宝宝提供安全、平坦的地方练习，最好是软垫上或婴儿活动垫上；首次让宝宝练习趴时，可以将玩具或毛巾等物品放在宝宝面前引导其抬头；注意观察宝宝的状态，当宝宝疲劳时要及时停止练习；每天可以进行多次练习，但每次时间不宜过长，以免宝宝疲劳；在宝宝练习时要给予宝宝足够的鼓励和赞扬，增强宝宝的自信心和兴趣。

在这里要指出一个严重的问题：有的宝宝在出生后 3 个月左右会出现摇头的情况，这是由前两个月的早教对前庭的训练不到位导致的。

内耳的前庭是控制平衡觉的部位，需要通过一些特定的方法来训练。以下是一些训练宝宝前庭的方法。

趴着活动　帮助宝宝趴在地上进行抬头、支撑等运动，以增强颈部和躯干肌肉的力量，从而促进前庭的发育。3 个月之内的宝宝趴的时间总共要达到 500 分钟，6 个月宝宝要趴够 500 小时。

爬行练习　宝宝七八个月的时候可以在指导下进行大量的爬行练习。宝宝会站立之前要爬行至少 500 小时。

玩具旋转　让宝宝坐在地上，照护者手持一个轻便的玩具，并沿着圆形轨道缓慢旋转，让宝宝跟着玩具的运动一起转身，以刺激前庭。

翻滚活动　先让宝宝躺在地上，再轻轻抱起宝宝慢慢翻滚，让宝宝体验不同的头部位置和方向变化，从而刺激前庭。

在进行前庭训练时，要注意宝宝的安全和舒适度，避免过度刺激、过大压力以及过度疲劳。同时，需要选择适合宝宝月龄和发育水平的训练方法，根据宝宝的反应情况进行调整。

对于 2 个月的宝宝来说，重要的就是练习趴，其他的动作可以在宝宝之后的成长过程中练习。

（三）盘腿

宝宝在出生后第二个月除了趴之外，还可以做盘腿运动，即两腿左右交叉重复运动。盘腿运动有利于宝宝练习翻身。若宝宝的胳膊向上伸展得不够，可能宝宝存在肌张力高的问题。可以用手轻柔地360°按揉宝宝的手部、胳膊进行缓解。另外,如果发现宝宝的腿纹不对称,可以让宝宝做蹬自行车的训练,增强宝宝的腿部力量和协调能力,可有效缓解腿纹不对称。

（四）大动作训练

大动作训练与本体觉相关联。可以同时抬起宝宝的手和腿,做45°转身,注意频率不要过快。这样就可以锻炼宝宝的本体觉,这其实也是感觉统合的训练。只要宝宝的精神状态允许,就可以反复练习。也可以播放音乐并抱着宝宝翩翩起舞,这也是对宝宝进行感觉统合训练的好方法。

（五）精细动作训练

训练宝宝手抓各种东西,包括不同种类、不同材质、不同形状的物品,如铅笔、木棍、香蕉。通过这种方式,宝宝的手会得到不同程度的刺激。

（六）语言能力

宝宝的语言能力是需要通过与宝宝讲话来锻炼的。注意对宝宝讲话时不要戴着口罩,眼睛要注视着宝宝。

（七）其他感觉的训练

视觉方面,可以把彩色球放在距离宝宝眼睛20厘米左右处让宝宝看,练习宝宝的追视能力。听觉方面,从宝宝出生后第21天开始,在培养宝宝睡眠习惯的同时,播放摇篮曲等音乐,锻炼宝宝的听力。触觉方面,参考第二章介绍的抚触、被动操等方法。嗅觉方面,可以拿各种食物让宝宝闻,但是不要让宝宝闻刺激性气味。

在出生后第二个月里,宝宝可以继续前一个月的早教内容。另外,还可以用抚触刷给宝宝梳头、挠痒痒、刺激脚底神经等,刺激宝宝大脑发育。

第四章 | 3个月宝宝如何养育

知其雄,守其雌,为天下溪。为天下溪,常德不离,复归于婴儿。知其白,守其黑,为天下式。为天下式,常德不忒,复归于无极。知其荣,守其辱,为天下谷。为天下谷,常德乃足,复归于朴。朴散则为器,圣人用之,则为官长,故大制不割。

——《道德经》第二十八章

释义/

　　这段文字仍旧是在研究方法论,只不过是从哲学理论的角度更进一步加深阐述而已。意思是说:我们在把握了某事物的有利因素的同时,还必须考虑事物的不利因素;我们在掌握了事物发展变化的已知条件的同时,还必须考虑那些未知的条件;我们在看到了某种事物兴旺发达的形势时,还必须顾及事物必将衰败的趋势。

　　这是一切事物生存、发展、运动的法则和模式。将事物对立统一的两方面因素放在一起研究,往往就像回到事物的混沌状态一样,然而这正是研究问题所必须达到的高度与深度。如果能够将这种思维法则吸收并运用到研究各种事物的各个方面,就会使自己不断进步。因此,对不以主观意志为转移的客观规律,不可以将其割裂开来看待。

育儿/

　　经历了前两个月的养育，3个月宝宝会经历大的跨越，要学会翻身，要断夜奶，很多照护者会感到手足无措。这正是《道德经》里提到的，当某种事物处于兴旺发达的形势之下，往往将面临更大的挑战。如果不能把握这个阶段，顺利度过，则会走向衰败，前功尽弃。宝宝的成长不以照护者的意志为转移。宝宝无法选择出生于什么家庭，但是照护者可以选择以何种理念养育宝宝。接下来，让我们看看如何把握3个月宝宝的生长发育规律，正确地养育宝宝吧！

一 [生长发育特征]

出生后第三个月,宝宝的头围、体重和身高会继续增长,但是生长速度会比前两个月放缓。宝宝能更好地控制自己的头部。他们可以将头部从一侧转向另一侧,能将头部抬起约 45° 并支撑 10 秒左右,以便观察周围的环境。可以用小玩具激励宝宝抬头,锻炼其颈部肌肉的力量。宝宝的视力和听力也在不断发展。他们开始能够追踪移动的物体,可以分辨不同颜色和亮度的物品,并对声音有更强的反应。宝宝的手眼协调能力逐渐提高。可以在宝宝面前放置一些小玩具,锻炼他们的手眼协调能力。宝宝可能会开始在地板上踢腿,尝试转身,以及用手去抓物品。

衡量婴幼儿生长发育的重要指标,即婴幼儿的生长指标,包括身高、体重、头围和胸围等。身高指婴幼儿站立时头顶至脚底的距离,通常使用身高百分位数来评估婴幼儿的生长状况。体重也是衡量婴幼儿生长发育的重要指标之一,通常使用体重百分位数来评估婴幼儿的生长状况。头围指婴幼儿头部最宽处的周长。胸围指婴幼儿胸部最宽处的周长。这两个指标也可以反映婴幼儿的生长发育状况。

对于不同年龄段的婴幼儿,生长指标的正常范围是不同的。医生和家长可以通过将婴幼儿的生长指标与同龄婴幼儿进行比较,来评估其生长发育状况;若发现异常情况,及时采取措施。此外,随着年龄的增长,婴幼儿的生长发育也会放缓,这是正常的,家长不需要过于担心。

以下是 3 个月宝宝体重、身高、头围的正常范围。

体重 宝宝在出生后第三个月里,体重平均增长 500~800 克,即平均每周增长 100~200 克。3 个月宝宝的正常体重为 4.5~7.0 千克。

身高 宝宝在出生后第三个月里,身高平均增长 2.5~3.0 厘米。3 个月宝宝的正常身高为 55~67 厘米。

头围　宝宝在出生后第三个月里头围平均增长1.5～2.0厘米。3个月宝宝的正常头围为37～42厘米。

此外,3个月宝宝也开始展示出一些新的技能和行为,如更加清晰地注视和跟踪移动物体、喜欢用手抓东西、会微笑、会发出"啊""嗯"等声音,并且开始尝试依靠手臂支撑身体和抬头。照护者应该密切关注宝宝的生长指标和行为,以确保宝宝健康发育。

二 护理技术

(一)饮食方面:追奶

如果宝宝在前两个月有哺乳困难,现在可能已经得到改善,可以考虑尝试换奶瓶或奶嘴等。如果宝宝正在喝母乳,妈妈可以考虑增加奶量。如果妈妈发现奶量不足,就要促进泌乳,即追奶。接下来谈一谈追奶的技巧。

要想成功追奶,首先需要了解泌乳原理。泌乳是在催乳素、催产素等激素的作用下,哺乳动物的乳腺细胞合成和分泌乳汁的生理过程。这个过程中,乳腺内的腺泡会不断地分泌乳汁,并通过乳管输送到乳头处,以供宝宝吸食。催乳素、催产素在哺乳时的分泌是受到神经系统调节的。宝宝吮吸乳头,会刺激乳腺神经末梢,从而引起催产素的分泌。随着催产素的分泌,乳腺中的乳汁逐渐排出,同时也刺激了催乳素的分泌,从而增加了乳汁的分泌量。

在妊娠期,孕激素和催乳素的分泌逐渐增加,促进乳腺的发育和乳汁的分泌。当产妇分娩后,催产素的分泌会促使乳腺收缩,并刺激催乳素的分泌,使得乳汁分泌量增加。另外,宝宝吮吸乳头的刺激也是乳汁分泌的关键因素。频繁地哺乳和保持充足的水分摄入,有助于维持母乳分泌量和质量。

总之,泌乳是一个复杂的生理过程,需要多种因素的协同作用。科学合理的喂养方法和对妈妈的照顾,可以促进泌乳,保证母乳喂养的质量。

1. 追奶的步骤和技巧

确认宝宝是否需要追奶　如果宝宝的体重增长和生长情况良好,则不需要追奶。但如果宝宝的体重增长缓慢,或者体重增长过快导致母乳不够,就需要追奶。

喂奶的频率和时间　增加喂奶的频率和时间可以刺激母体分泌更多的乳汁。一般来说,可以增加每天的哺乳次数和每次哺乳的时间。

使用双侧哺乳法　双侧哺乳法可以让宝宝在短时间内得到更多的乳汁,从而促进母乳分泌。具体方法是让宝宝先吸吮一侧乳房,等这一侧乳房的乳汁被吸空(判断乳房是否吸空:喂奶前乳房像脑门一样硬,吸空之后像嘴唇一样软),再让宝宝换到另一侧乳房吸吮,如此交替进行。

加强妈妈的营养和休息　妈妈的健康状况对乳汁分泌有很大影响。妈妈应该得到充足的营养和充分的休息,以保持良好的健康状况,才能有充足的乳汁。

使用辅助工具　使用母乳喂养辅助工具,如乳头扩张器、按摩器,可以刺激乳汁分泌,从而使追奶成功。

2. 追奶误区

过度追奶　有的妈妈为了追求更多的奶量,不考虑宝宝的实际需求和母乳分泌之间的供需关系,过度追奶。过度追奶可能导致宝宝吃到过多的母乳,产生消化不良、腹泻等问题。母乳的供应与宝宝的需求是息息相关的,如果妈妈忽视这个关系,仅仅为了追奶而频繁哺乳,还有可能导致母乳过度分泌而影响到乳腺的健康。

依赖辅助食品　有的妈妈为了追求更多的奶量,过于依赖辅助食品,这是不可取的。辅助食品虽然可以提供额外的营养,但它不能替代母乳,而且过量摄入可能会对宝宝的健康造成负面影响。

忽视妈妈自身健康　妈妈自身的健康状况会影响泌乳。如果妈妈过于疲劳或者营养不良,母乳的质量和分泌量都会受到影响。因此,妈妈在追奶的同时也要注意自身的健康。

通过药物或者猪蹄汤、母鸡汤追奶　药物、汤水等方法并不能真正提高乳汁分泌量,而且有可能对宝宝产生负面影响。母乳是通过宝宝吸吮刺激乳腺分泌乳汁而产生的,如果宝宝吸吮不足,乳腺得到的刺激就会减少,导致乳汁分泌量不足。正确的方法是通过频繁、充分的哺乳来刺激乳腺分泌更多的乳汁,同时保证充足的营养、休息和保持良好的心态,以维持乳汁供需平衡。猪蹄汤有大量的脂肪,母鸡汤雌激素太高,都容易抑制催产素的产生,进而影响乳汁分泌量,还容易导致妈妈堵奶。合理搭配饮食,注意荤素搭配才是正确的做法。

3. 给哺乳期妈妈的饮食建议

对于需要追奶的妈妈,饮食调节是非常重要的。以下是对妈妈饮食方面的一些建议。

合理补充营养 母乳中的营养物质来自妈妈摄入的食物,因此,妈妈需要摄取足够的营养物质来支持泌乳,保证母乳质量。建议妈妈多食用富含蛋白质、钙、铁等营养物质的食物,如瘦肉、鱼类、蛋类、奶制品、豆制品、绿叶蔬菜。

控制热量摄入 虽然妈妈需要摄取足够的营养物质,但过多的热量摄入会导致妈妈体重增加,从而影响泌乳。因此,建议妈妈控制高热量食物的摄入量,如甜点、油炸食品。

增加水分摄入 妈妈需要保证摄入足够的水分,以支持泌乳和维持自身的正常代谢。多喝水,多喝汤或其他无咖啡因的健康饮品。

避免过度饮酒 过度饮酒会影响母乳的分泌量和质量,因此,建议妈妈避免过度饮酒。

食用有助于泌乳的食物 有些食物被认为可以促进泌乳,如黑芝麻、核桃、山药、枸杞子、红枣等。妈妈可以适量食用这些食物,以促进乳汁分泌。

总的来说,妈妈需要保持健康和均衡的饮食习惯,以促进泌乳,让宝宝健康成长。如果妈妈存在严重的营养不良或其他健康问题,建议咨询医生或营养师。

哺乳期妈妈的膳食宝塔是指合理、均衡、多样化的饮食结构,旨在提供足够的营养,促进乳汁的分泌和宝宝的生长发育。以下是哺乳期妈妈膳食宝塔的主要内容。

碳水化合物 哺乳期妈妈需要适量的碳水化合物作为能量来源,最好选择主食类食物,如米饭、面食、粥、土豆,以及适量的水果。

蛋白质 妈妈需要摄入足够的蛋白质来维持自身和宝宝的正常生理功能。建议每天摄入约 150 克蛋白质,如食用鱼类、瘦肉、蛋类、豆类、奶制品。

脂肪 妈妈摄入适量的脂肪有助于提高乳汁脂肪含量,促进宝宝对营养的吸收。建议每天摄入约 30 克脂肪,如食用植物油、坚果、鱼类。

维生素 妈妈需要足够的维生素来保证自身和宝宝的正常生理功能,特别是维生素 A、D、E、K 等脂溶性维生素和 B 族维生素。建议食用多种蔬菜、水果、动物肝脏等。

矿物质 妈妈需要足够的矿物质来保证自身和宝宝的正常生理功能,特别是钙、铁、锌等。建议食用乳制品、豆制品、鱼类、瘦肉等。

此外,哺乳期妈妈需要注意以下几点。

饮食多样化 不要偏食,尽量选择不同种类的食物。

适量饮水 每天至少饮用 2 000 毫升水,有助于乳汁分泌。

避免过度饮酒和摄入咖啡因 过度饮酒和摄入咖啡因会对乳汁分泌和宝宝产生不利影响。

避免摄入过多的添加剂和防腐剂 选择天然、新鲜、无污染的食材。

母乳喂养的供需平衡是指根据宝宝的需求来调节妈妈的乳汁分泌,以满足宝宝正常的生长发育需要。在母乳喂养过程中,妈妈可以通过观察宝宝的吃饱信号,如睡意、停止吸吮、松开乳头,来确定宝宝需要多少乳汁。同时,妈妈也应该注意自身的营养和健康状况,保证充足的乳汁供应,以维持母乳喂养的供需平衡。

(二)其他方面

3 个月宝宝已经可以分辨出白天和黑夜,因此能更好地建立昼夜节律。在宝宝出生后第三个月里,照护者需要更加细心地观察宝宝的变化,提供适当的照护和支持;同时,仍然要尽可能给宝宝创造一个温馨、安全和有利于成长的环境,帮助宝宝健康成长。

3 个月宝宝可能会面临以下问题。

1. 便秘

有的宝宝在出生后第三个月会出现便秘的情况。这个时期的便秘大多是宝宝消化系统的正常调整导致的。不要给宝宝使用开塞露等药物。最重要的是注意冲泡奶粉使用"15 分钟冲调法"（详见第二章），也可以适当使用推拿帮助宝宝缓解便秘。母乳喂养的宝宝基本上不会出现便秘问题。需要注意的是，现在还不能给宝宝添加辅食，过早地添加辅食也会导致宝宝便秘。

2. 咳嗽、感冒

如果宝宝出现了咳嗽、感冒等症状，可以按照以下方法应对。

保持室内空气流通　避免有害物质刺激宝宝的呼吸道。

保持室内适宜的湿度　室内湿度宜在 50％～60％。如果太干燥，可以使用加湿器或者在房间里放置湿毛巾；如果太潮湿，可以用除湿机调节室内湿度。

给宝宝充分喝奶或者补充少量水　保证宝宝的水分摄入充足。由于母乳和配方奶里 80％都是水，一般情况下，宝宝是不需要额外补充水分的。但在生病的情况下，可以每天适当补充 10 毫升左右的水。最好的方式还是充分喝奶。

使用吸痰器　如果宝宝呼吸道分泌物过多，可以使用吸痰器清理，特别是在宝宝睡觉前。

避免使用感冒药物　尽量不要给宝宝使用感冒药物，除非医生建议使用。提倡使用小儿推拿的方式为宝宝缓解感冒症状。如果怀疑是病毒引起的感冒，要尽快就医，遵医嘱用药。

需要注意的是，如果宝宝咳嗽、感冒持续时间过长或症状严重，一定要带宝宝去看医生。

另外，日常应采取措施预防疾病，这样是最好的。保持宝宝生活的室内环境清洁，勤给宝宝洗手，不让宝宝与有感冒症状的人接触，诸如此类的做法可以降低宝宝咳嗽、感冒的风险。

3. 肠绞痛

宝宝可能会因为肠胃不适而感到肚子痛。3 个月宝宝肚子痛通常是肠胀气没有得到及时处理而导致的肠绞痛。

肠绞痛是指肠道发生疼痛和痉挛，在婴儿比较常见，可能与肠道的发育和肠道菌群的建立有关。肠绞痛是一种功能性的肠道疾病，不会对宝宝的身体造成实质性的损害。

肠绞痛的症状：

黄昏闹 肠绞痛的宝宝会持续性哭泣或高声哭喊,表现出明显的疼痛或不适的样子,通常发生在傍晚,因此称为黄昏闹。如果宝宝每天哭闹 2～3 小时,每周至少哭闹 3 天,连续 3 周都是如此,那么基本可以确定是肠绞痛。

腿部和面部表现 肠绞痛时,宝宝通常双腿向腹部弯曲,表情紧张或痛苦。

肠道表现 肠绞痛可能伴有肠胀气、排便不畅等。

发作时间 肠绞痛往往短暂发作,通常持续数分钟至数小时,然后突然停止。

肠绞痛有以下几种可能的原因：

胃肠道未发育完全 宝宝的胃肠道可能还未发育完全,尤其是出生后的前几个月,肠道菌群的建立可能会引起胃肠道不适。

过度哭泣 过度哭泣可能会导致肠道肌肉的痉挛和疼痛。

过度进食 过度进食可能会导致胃肠道扩张,对胃肠道造成刺激,从而引起肠绞痛。

处理肠绞痛的方法：

轻拍和抚摸 轻轻拍宝宝的后背,让宝宝的肌肉放松,可以缓解疼痛。抚摸宝宝的肚子,以缓解不适。

热敷 将温热水袋或毛巾敷在宝宝的肚子上,有时可以缓解胃肠道不适。

运动 让宝宝进行适度的运动,如踢腿等。

有个比较快速的方法:当宝宝黄昏闹的时候,盛一盆 40 ℃左右的温水,将宝宝的屁股浸入,用手轻轻刺激宝宝的肛门周围,宝宝就会放屁、排便,即可缓解肠绞痛带来的不适。这一次缓解之后,要注意之后每次喂奶的时候采用"6次手刀顺嗝法"(详见第八章第 15 问),避免宝宝吃奶的时候吞下空气,才能从根本上预防肠绞痛。

4. 哭闹

出生后第三个月,宝宝可能会有"晚间狂欢症"等问题,导致宝宝难以入睡,影响宝宝夜晚睡眠。

如果宝宝存在此类睡眠问题,妈妈应当考虑给宝宝断夜奶。断夜奶是为了帮助宝宝养成健康的睡眠习惯,形成正常的生物钟,以促进宝宝更好地生长发育。断夜奶也有助于宝宝更好地进入深度睡眠状态，使身体得到休息，同时也有助于培养宝宝的独立性，为将来的生活打下基础。此外，母乳喂养的宝宝在夜间进食过多会使妈妈更加劳累，因此，断夜奶也有助于妈妈的健康。

断夜奶要分阶段逐步进行。

第一阶段 出生后90天开始，就可以考虑给宝宝断夜奶了。时间主要是22：00至次日3：00，这段时间宝宝身体发育比较快，褪黑素分泌较多。褪黑素是由松果体分泌的一种胺类激素，它在人体内发挥着调节生物钟和促进睡眠的重要作用。当人体处于昏暗环境中，松果体会分泌褪黑素，"告诉"人体进入夜间状态。褪黑素的分泌量受到光线、季节、天气、年龄、生活习惯等多种因素的影响。如果没有及时断夜奶，或者开小夜灯睡觉，会影响宝宝的褪黑素分泌和免疫力的提升。

根据3个月宝宝的实际情况，我们可以按表4-1调整宝宝的作息。

表4-1 3个月宝宝作息情况

时间	活动
7：30	起床、换尿布、吃奶
8：30	玩耍、观察环境
9：30	吃奶、换尿布
10：30	小睡
13：30	玩耍、观察环境
14：00	洗澡、抚触
14：30	吃奶、换尿布
15：30	玩耍、观察环境、小睡
18：00	吃奶、换尿布
19：00	玩耍、早教
20：00	吃奶、换尿布
21：00	睡觉
3：00—4：00	排便、吃"回笼奶"（母乳1～2个奶阵或配方奶30～60毫升）、睡"回笼觉"

第二阶段 断夜奶的第二个阶段从出生后 7 个月开始。20:00 至次日 5:00 不可以让宝宝吃夜奶。如果宝宝在这一时间段醒来,可以通过哄睡或与宝宝对话交流等安抚方式让宝宝入睡,不能一味通过喂奶来安抚宝宝。

长时间吃夜奶的危害比较大,除了会影响宝宝的睡眠质量之外,还会导致宝宝的肠胃负担过重,容易出现消化不良等肠胃问题。在宝宝生长发育的不同阶段,需要适时调整宝宝的饮食结构和饮食时间。

5. 牙龈疼痛

有的宝宝出生后第三个月会牙龈疼痛,这可能是因为牙齿正在生长。

宝宝的牙齿生长通常分为两个阶段,分别是乳牙期和恒牙期。

乳牙期 乳牙期通常从出生后 6 个月左右开始,到宝宝 3 岁左右牙齿长齐。乳牙生长的先后顺序是下颌中切牙、上颌中切牙、下颌侧切牙、上颌侧切牙、下颌第一磨牙、上颌第一磨牙、下颌第二磨牙、上颌第二磨牙。在出牙期,要给宝宝用手指牙刷或咬胶按揉牙龈,缓解不适,避免宝宝因为出牙而烦躁不安,影响睡眠和精神状态。

恒牙期 恒牙期从宝宝 6 岁左右开始。

需要注意的是,每个宝宝的生长发育情况不同,牙齿萌出的时间也可能存在差异。3 个月宝宝通常还不会出牙。一般来说,宝宝的出牙期在出生后 4 个月至 12 个月。但是,有的宝宝牙齿萌出时间更早或更晚,一般都是正常的。

宝宝出牙期的表现有很多,常见表现如下。

口腔痒、痛 出牙会刺激宝宝的牙龈,导致宝宝感到口腔痒或痛。

唾液分泌增多 宝宝在出牙期间唾液分泌会比平常多,甚至导致流涎。

咬手和其他物品 宝宝出牙时,会试图用咬手和其他物品的方式来缓解牙龈的不适。

精神不安和失眠 出牙期间,宝宝的牙龈会感到不适,导致宝宝精神不安,难以入睡。

可以尝试以下几种方法缓解宝宝出牙期的不适。

按摩 用干净的手指牙刷、咬胶或毛巾在宝宝的牙龈上轻轻按摩,可以缓解不适。

冷敷 将冰袋或冷毛巾敷在宝宝的脸颊上,可以缓解不适。

咀嚼安全的物品　给宝宝提供一些适合咀嚼的安全的玩具，可以缓解不适。

安慰　出牙期间，宝宝可能会情绪不稳定，应给宝宝提供足够的安慰。

如果宝宝出牙期的不适感较严重，建议及时就医。

三 早教技术

（一）肌张力

宝宝出生后的前3个月，应随时观察宝宝的肌张力。肌张力是指肌肉的紧张程度，肌张力过高或过低都会影响宝宝的生长发育。

宝宝肌张力高的表现：

姿势僵硬　宝宝双腿无法向外侧伸直，胳膊无法抬起来伸直，手指弯曲且拇指内扣，脊柱向后弯曲成C形。

运动范围受限　表现为手臂不容易向前伸展，腿部的伸展也比较困难。

反应迟钝　宝宝的反应速度较慢，可能需要更长的时间来响应外界刺激。

不适应环境变化　宝宝不喜欢环境变化，对新的声音、光线和气味等刺激有不良反应。

睡眠问题　宝宝难以入睡或保持睡眠状态。

宝宝肌张力低的表现：

运动发育迟缓　宝宝在抬头、翻身、坐、爬、站等方面的运动发育比同龄宝宝迟缓。

肌肉松弛　宝宝的肌肉松弛，身体柔软，伸直手臂或腿时，关节会呈现过度弯曲的状态。

运动范围受限　如手臂不容易向前伸展，腿部的伸展也比较困难。

反应迟钝　宝宝的反应比同龄宝宝迟钝，如不喜欢互动、对周围环境的变化反应不敏感。

吮吸困难 宝宝吮吸困难,如吃母乳时吮吸无力,或者喝奶瓶时无法吸出奶液。

对于宝宝肌张力高或者肌张力低的问题,照护者要早发现、早解决,不可以忽略或拖延。一方面,要坚持给宝宝做抚触,另一方面,要定时体检,由专业的医疗机构给出评估和解决方案。

(二)情感和社交能力

宝宝的情感和社交能力在不断发展。3个月大时,宝宝可能学会微笑、对他人的面部表情做出反应,以及表达自己的情绪需求。在这个阶段,应在关注宝宝身体生长发育的同时,满足宝宝的情感和社交需要,促进宝宝的全面成长。

(三)斜颈

3个月宝宝可以熟练地"花样翻身"。注意一定要让宝宝做双侧自由翻身的训练。如果发现宝宝只能单侧翻身,首先要排除宝宝是否一侧肌肉力量不足,加以着重训练,其次要排除宝宝是否"斜颈"。

斜颈,又称倾斜头、颈部扭曲,是一种婴幼儿常见的颈椎疾病。其表现如下。

头部偏斜 宝宝头部向一侧倾斜甚至旋转。

肩部不对称 宝宝一侧肩部低于另一侧,不对称。

颈部僵硬 宝宝颈部活动受限、活动度低。

吃奶位置有偏好 在吃奶时,宝宝偏好妈妈的某一侧乳头,不愿意更换另一侧乳头吃奶。

睡姿不对称 宝宝偏好脸向着一侧睡觉。

需要注意的是,有的患有斜颈的宝宝并不会明显地表现出以上症状,因此照护者应仔细观察宝宝的动作和姿势,及时发现问题。如果发现宝宝有斜颈的表现,应及时就医,并接受针对性的治疗。

(四)本体觉、前庭觉和大动作训练

宝宝出生后3个月,可以进行以下训练。

仰位推移　让宝宝躺在爬行垫上,头下垫一块毛巾,照护者用手推宝宝的脚底,宝宝的腿会自然地向反方向用力。这种方法可以有效锻炼宝宝的腿部肌肉。

翻身　让宝宝的一只手臂向上伸,与其相对一侧的腿搭在另一条腿上,侧身,宝宝会靠自身力量翻身。另一侧用同样的方法练习。慢慢地,宝宝就可以轻松地自主翻身。注意:第三个月宝宝趴着抬头和挺起上半身时,头要与床面呈 90°,下巴与床保持一拳距离。

本体觉、前庭觉训练　准备一条浴巾或毛巾,将宝宝放在浴巾里,兜住宝宝,做上下左右平移。建议两人操作。

除上述训练之外,对宝宝视觉、嗅觉、听觉的训练可以参照第三章的相关内容。

第五章 | 4个月宝宝如何养育

将欲歙之,必固张之;将欲弱之,必固强之;将欲废之,必固兴之;将欲夺之,必固与之。是谓微明。柔弱胜刚强。鱼不可脱于渊,国之利器不可以示人。

——《道德经》第三十六章

释义/

　　在这段文字中,老子用事物、行为来阐明事物在具有对立统一两个方面的同时,还存在依据"量变导致质变"的规律向相反方向转化的趋势,体现出矛盾的普遍性、矛盾的转化关系、矛盾的对立统一。这是唯物辩证法的精髓之一。只强调事物矛盾的一方面而忽视另一方面是错误的,因为有时恰恰是被忽视的那一方面会成为主要矛盾。同时,老子认为柔弱可以战胜刚强,但并不是在所有条件下都是这样,必须是当特定条件对柔弱者有力时才可以。一味强调某一方面的优势是一种机械、教条的思维,只有内因条件与外因条件统一,才能有效地发挥自身的优势。所以,老子说"鱼不可脱于渊",意在阐明矛盾对立统一的两个方面从内因上讲都具有成为主要矛盾的可能性,只要内因条件与外因条件达到统一,次要矛盾就有可能转化为主要矛盾。通常情况下,居于次要地位的矛盾的一方面,其内部亦具有重要因素,很多人却看不出来。这就是矛盾两方面互相转化的哲学观点。

育儿/

　　结合育儿来看,宝宝经过 3 个月的生长发育,应该能够形成喂养规律、睡眠规律、哭闹规律、排便规律。如果照护者之前的照护不到位或操作不当,第四个月将是问题大暴发的一个月,宝宝会出现厌奶期、出牙期、睡眠倒退期等等问题。如果过去 3 个月里你操作错了,比如宝宝一哭就给宝宝喂奶,那么在第四个月时你会发现,喂奶无法止住宝宝的哭声,宝宝夜醒频繁,用母乳或者奶瓶都无法安抚宝宝,而且宝宝开始得感冒等小疾病。在第四个月,你会发现宝宝开始不断地摇头,宝宝开始发出"咿呀咿呀"的声音。你还会发现一些家长常犯的错误,如让宝宝坐在腰凳上带宝宝出门,甚至搀扶着宝宝站一会儿。

　　要想解决宝宝出现的问题,重点是不让问题出现,以预防为主。出现问题的内因是宝宝的生长发育规律,外因是照护者的不自知,往往凭自己的感觉来照顾宝宝,内外因没有统一起来就容易出现主要矛盾——照护者所做的并不是宝宝所需要的。

　　举例来看:如果你选择用喂奶的方法应对宝宝的频繁夜醒,那么宝宝会因为过度喂养而睡觉时吐奶,吐的奶像豆腐渣、酸奶一样,会伤害宝宝的消化系统,而且吐奶影响宝宝的睡眠,你又得继续半夜起来喂奶。虽然喂奶次数多,但是宝宝没有吸收营养,体重下降,而且你休息不好,奶越来越少。于是,你开始给宝宝添加奶粉,而奶粉的营养成分不如母乳全面,宝宝仍然体重下降,缺钙、铁、锌,大便开始变得异常。这时,你可能会又犯一个错误:给宝宝添加益生菌、钙片等。"是药三分毒",靠药物和保健品维持的宝宝,免疫力怎么会高呢?宝宝出现诸多健康问题,很可能全家都没有精力进行早教,等到宝宝再长大一点,会恐高、晕车、晕船,走路摔跤,咬人,打人,胆小怕生……这就是恶性循环。让我们来终结这个恶性循环吧!

一

探索周围环境

4个月宝宝对周围的事物非常好奇,他们会开始探索周围的环境。这一阶段,可以给宝宝提供更多的玩具和刺激,如彩色玩具、活动毯、婴儿手推车,让宝宝有更强烈的探索欲望和更高的探索能力。这对宝宝的身心发展非常重要,因为通过探索周围环境,宝宝可以学习到更多的知识和技能,同时也可以促进宝宝的感官、运动和认知的发展。

以下是让宝宝探索周围环境的方法和注意事项。

提供安全的环境 在宝宝开始探索周围环境时,要确保宝宝处于安全的环境中,尤其是保证宝宝不会接触到危险的物品,如刀具、火源、电源。

提供多样化的玩具 宝宝可以通过触摸、咬等方式来探索周围环境。为了满足宝宝的探索欲望,可以给宝宝提供多种合适的玩具,如柔软的布娃娃、发声的玩具。

创造新奇的体验 宝宝对新奇事物非常感兴趣,可以通过给宝宝新奇的体验来增强宝宝的探索欲望。比如,可以带宝宝去公园、动物园、图书馆等地方,让宝宝感受不同的声音、气味、色彩等。

陪伴宝宝 在宝宝探索周围环境时,照护者最好陪伴在宝宝身边,给予宝宝支持和鼓励。当宝宝遇到困难或危险时,及时给予帮助和保护。

注意宝宝的身心状况 在宝宝探索周围环境时,要注意宝宝的身心状况。如果宝宝表现出疲劳或情绪低落等,应该及时让宝宝休息和调整。

二 建立日常规律

　　建立日常规律是指在宝宝日常生活中建立一定的节奏和规律,包括饮食、睡眠、活动和游戏等方面。在出生后第四个月,可以给宝宝的一些日常活动建立规律,如有固定的睡眠时间、喂奶时间。建立日常规律对宝宝的生长发育和身体健康非常重要,能让宝宝更好地适应生活,同时也有利于家庭生活的安排和管理,并且给妈妈提供更多的时间和精力来照顾宝宝。

(一)规律的饮食

　　按时喂养宝宝,不要让宝宝饥饿或过度进食。4 个月宝宝仍然以母乳或配方奶为主要的营养来源,应该确保宝宝每天摄入足够的营养。

　　通常 4 个月宝宝每次喂奶量较之前增加,且喂奶间隔变得更长。一般来说,喂奶间隔为 3～4 小时。

　　一般来说,宝宝出牙开始于出生后 6 个月左右,但实际上每个宝宝的出牙时间都有所不同,有些宝宝出生后 4 个月就开始出牙了。宝宝出牙的过程中可能会出现不适症状,如口腔疼痛、流口水、食欲缺乏、哭闹、失眠。缓解宝宝出牙不适的方法详见第四章。需要注意的是,出牙期间宝宝的口腔卫生非常重要,应每天给宝宝清洁口腔,预防口腔感染。

　　这一阶段是宝宝生长发育的重要时期,也是宝宝出现厌奶现象的时期之一。宝宝可能会逐渐对母乳或配方奶产生厌倦感,表现出拒绝喝奶、吃饭不香、嘴巴不停张合等,让妈妈感到困扰和不安。宝宝厌奶的原因有很多,可能是宝宝开始对辅食感兴趣,也可能是宝宝开始追求独立、想要探索,不愿意再像以前一样依赖母乳或配方奶来满足自己的需求。此外,宝宝可能会因为身体不适或其他原因而食欲下降。

　　应对宝宝的厌奶情况,可以尝试以下方法:给宝宝准备安抚奶嘴和咬胶,让宝宝的嘴巴感受不同物品的刺激。如果宝宝总喜欢抓到一件物品就往嘴里放,不要担心,只需要给物品做好消毒和清洁,让宝宝尽情去咬。需要注意的是,不要只让宝宝长时间咬同一种物品,这样满足不了宝宝的需求,反而会让宝宝产生依赖。

当宝宝厌奶时,应给予宝宝关注和理解,不要强迫宝宝喝奶或吃辅食。强迫宝宝进食可能会导致宝宝产生厌食情绪,而且不利于宝宝的消化。还有一些方法可以帮助宝宝度过厌奶期。

观察宝宝 在宝宝的厌奶期,应该留意宝宝的情况,观察宝宝是否有其他的身体不适,如发热、拉肚子,同时观察宝宝是否有进食的欲望。这个阶段的宝宝会试着用肢体语言来表达自己的需求,如哭泣、抱怨、摇头、踢腿。可以通过观察宝宝的肢体语言来了解宝宝的需求,并及时给予反馈,参考表 2-2。

提高喂食的效率 如果宝宝吃得很慢或者不想吃,可以适当提高喂食的效率,如改变喂奶或者喂食的姿势,或者采用吸管式奶瓶。有的妈妈担心这个阶段的宝宝吃得不够,体重长得不够。其实不必过于紧张,四五个月的宝宝每个月体重增长 500 克就达标。如果之前宝宝过度喂养,体重增长得较快,那么在这个阶段放慢增长的脚步也是合理的。

增加亲子互动 增加亲子互动,如与宝宝聊天、给宝宝唱歌,可以让宝宝感到舒适和安全。通过科学的早教方法消耗宝宝的能量,这样才能让宝宝更好地进食。

提供安全的环境 给宝宝提供足够安全的环境,让宝宝自由地探索和运动,以满足宝宝对独立和探索的需求。

按时接种疫苗 按时给宝宝接种疫苗,预防宝宝感染疾病,提高宝宝的免疫力,有利于宝宝的健康成长。

补充维生素 D 坚持每天补充 400 IU 的维生素 D,或者让宝宝多在户外晒太阳,促进宝宝对钙的吸收和骨骼发育。

提供安抚和鼓励 关注宝宝的情绪变化,适当给予安抚和鼓励,提高宝宝的自信心和安全感。

如果宝宝出现食欲下降、体重下降等异常情况,应及时就医,避免延误治疗。

（二）规律的睡眠

4个月宝宝每天需要14～16小时的睡眠时间,包括2～3次白天小觉和1次夜间睡眠,可以逐渐形成比较固定的睡眠时间。应该为宝宝创造一个舒适的睡眠环境,避免太过刺激的活动和玩具。以下是具体的睡眠规律说明。

1. 白天小觉

宝宝每天需要2～3次白天小觉,每次1～2小时。这些小觉可以分布在上午、下午和傍晚,具体时间因宝宝的需要而异。

2. 夜间睡眠

在这一阶段,宝宝开始形成更加规律的夜间睡眠模式。大多数宝宝每晚可以连续睡6～8小时。夜间睡眠通常在19:00—20:00开始,次日6:00结束。其间不要给宝宝喂夜奶,否则会影响宝宝免疫力的提升或导致宝宝脾胃不和。断夜奶的方法参照第四章内容。

进行睡前预备活动可以营造"仪式感",帮助宝宝放松,并为夜间睡眠做好准备。睡前预备活动包括洗澡、穿睡衣、听摇篮曲等。如果在这个阶段,你已经备受宝宝睡眠问题困扰,那么此时帮助宝宝建立睡眠规律,会让你感到轻松。睡前预备活动详见第三章。

（三）规律的活动

运动和其他活动对宝宝的生长发育非常重要,但是需要注意安全和适度。可以在室内或者户外安排一些适合宝宝的简单游戏,如让宝宝抓捏小球。

（四）规律的护理

按时给宝宝洗澡,清洁眼、耳、口、鼻等部位,保持宝宝身体的清洁卫生。及时为宝宝更换尿布和衣物,避免湿疹等皮肤问题。

总之,在宝宝出生后第四个月建立日常规律有助于提高宝宝的生活质量,促进宝宝的身体健康,同时也便于家庭生活的安排和管理。应该根据宝宝的具体情况和需要,逐步建立起适合宝宝和家庭的日常规律。

三 加强早教

在这个阶段,宝宝开始喜欢与人互动。可以通过与宝宝进行简单的游戏和交流来促进宝宝的认知发展,如与宝宝做面部表情游戏、模仿宝宝的声音。

可以让宝宝进行以下训练。

拉坐训练 把宝宝放在照护者的腿上,握住宝宝的双手,进行拉坐训练。注意:若宝宝颈部用不上力,照护者要用手扶住宝宝头颈;若宝宝精神状态好,可以反复练习。

肘碰膝训练 左臂肘关节和右腿膝关节触碰,另一侧也如此练习。

脚踢臀训练 让宝宝趴在床上,轻轻抬起宝宝的双脚向上踢臀。这有利于宝宝爬行。

瑜伽球训练 让宝宝趴在瑜伽球上,照护者手扶着宝宝向前、后、左、右4个方向翻滚。这有利于锻炼宝宝的前庭觉。

平转训练 左手托住宝宝的臀部,右手扶住宝宝前胸,抱着宝宝向左、向右平转。这有利于锻炼宝宝的前庭觉。

视觉训练 准备一条透明纱巾,蒙在宝宝的脸和身体上,让宝宝自己揭开面部的纱巾。这有利于培养宝宝的手眼协调能力。

听觉训练 躲在宝宝身后发出声音,让宝宝寻声辨位。

够物训练 把宝宝喜欢的玩具放在稍远的地方,鼓励宝宝自己去拿。

触觉训练 用毛刷、抚触刷、抚触球等,在宝宝的头部、手部、身体等部位轻刷或滚动,使宝宝的触觉得到有效刺激。

四
注意安全

在这个阶段,宝宝开始学会翻身、爬行、抓东西等,注意宝宝的安全是非常重要的。应将危险物品放置在宝宝无法触及的地方,确保宝宝活动空间内无安全隐患。

第六章 | 5—12 个月宝宝如何添加辅食

道生之,德畜之,物形之,势成之。是以万物莫不尊道而贵德。

道之尊,德之贵,夫莫之命而常自然。故道生之,德畜之,长之育之,亭之毒之,养之覆之。

生而不有,为而不恃,长而不宰,是谓玄德。

——《道德经》第五十一章

释义/

　　事物的产生不取决于自身,而是不可抗拒的规律导致的。但是,事物的发展需要外部环境,理想的外部环境对事物的发展具有重要的意义。由先天因素决定的事物在后天环境条件下成长,发展出各自的表现形式。内因与外因结合,构成事物相对独立的存在形式。万物没有不遵循规律就可以产生的,没有脱离外部条件就可以发展的。内在因素与外部环境都不是听从某个人的意愿而存在或对事物产生作用的,因为它们是客观存在的。先天因素与后天环境条件为万物的产生、成长、繁育提供保障,万物才会生生不息。

　　老子阐述了万物产生、发展的必要条件与生存的关系,强调对待客观因素(先天条件、外部环境)与主观因素要用不同的方式:对规律性的因素只能"尊",没有讨论的余地;对后天因素可以有限度地选择,既可"贵",也可"不贵",既可"贵"此,又可"贵"彼。例如,人的生死不是自己能选择的,但是生存的时间长短却可以通过修身(调整自己生活习惯)来改变。这就是道家修身的基本理论。成吉思汗召见全真教道士丘处机,询问有无不死之药,丘处机所回答的"世间没有不死之药,但有长寿之方",正是这种"遵从客观,选择主观"的修身道理。

育儿

　　如果你之前都是按照本书的建议育儿,那么到了宝宝五六月时,你会发现自己的宝宝无论是在早教方面还是在生活习惯的养成方面,都超越了同龄宝宝,而此时宝宝所面临的挑战就是辅食添加。接下来,我们就看看给宝宝添加辅食需要注意哪些问题吧!

　　辅食添加是在宝宝的日常食谱中添加辅助食品,以满足宝宝生长发育和营养需求的一种方式。通常,出生后4～6个月的宝宝可以开始添加辅食。国际卫生组织建议母乳喂养的宝宝出生后6个月(即180天)开始添加辅食。在实际操作当中,母乳喂养和配方奶喂养的宝宝略有不同。

　　添加辅食的主要目的是满足宝宝日益增长的营养需求,特别是对铁、锌、钙、维生素D等营养物质的需求。大多数6个月宝宝体检时会检出轻微的铁不足,这是因为宝宝体内的铁大多在妈妈孕后期由母体提供,随着代谢,母乳喂养的宝宝逐渐表现出铁不足。此时就需要高铁米粉、红肉和其他含铁量比较高的食物进行补充了。而仅仅采用补铁剂为宝宝补铁是一种错误的做法。

　　辅食添加可以促进宝宝咀嚼能力的发展,为逐步断奶奠定基础;还能够丰富宝宝的味觉体验。宝宝的味觉需要种类丰富的食物来进行训练,这也是早教的一部分内容。尤其是六七个月的宝宝,添加辅食有排敏和激发宝宝味觉的作用。每种食物吃3～4天,尽可能尝试多种食物,锻炼宝宝对新食材的认知和对新口味的接受能力,避免宝宝将来挑食。

　　辅食添加还有助于宝宝的免疫系统发育和口腔、肠胃等器官的适应。食物从泥糊状逐渐增粗,锻炼宝宝的咀嚼和消化功能。一般来说,宝宝在出生后的前几个月,口腔和喉部肌肉尚未完全发育,只能进行吞咽,这个阶段称为吞咽期。宝宝出生后6个月左右进入咀嚼期,这时宝宝的口腔和喉部肌肉已经发育完全,可以咀嚼食物,并且通过咀嚼产生更多的消化酶。这时候可以给宝宝添加辅食,逐渐训练宝宝的咀嚼和吞咽能力,逐渐引导宝宝吃固体食物。咀嚼能力的好坏影响宝宝面部肌肉和骨骼的发育,决定宝宝将来的长牙状况和说话能力。

　　需要注意的是,在宝宝的咀嚼期之前,不要给宝宝喂食坚硬或者粗糙的食物,以免宝宝噎到或者伤害宝宝的口腔。在宝宝进入咀嚼期之后,也需要注意选择适合宝宝的食物,避免给宝宝喂食过硬或难以消化的食物,以免对宝宝的消化系统造成负担。

　　对于容易过敏的宝宝,辅食添加还有助于早发现宝宝对各种食物的过敏情况,以便及时调整饮食,避免过敏反应。因此,适时添加辅食对于宝宝的健康成长是非常重要的。

辅食添加不仅可以满足宝宝的营养需求,还可以培养宝宝的餐桌礼仪,让宝宝更具有社会性、更加聪明。可以借助添加辅食的机会,引导宝宝养成正确的饮食习惯和餐桌礼仪,如坐姿端正、不乱扔食物,为将来的生活打下良好的基础。

添加辅食也是进行大动作、感觉统合、语言能力训练的好时机。例如,宝宝把食物抓起来送到嘴里,其实在锻炼手眼协调能力;宝宝会坐着吃饭,胳膊可以抬起来拿食物,就是身体和上肢力量达标的表现;宝宝能够辨别出来食物是热的、冷的、酸的、甜的、苦的,这就是对宝宝感觉的训练;在吃饭的过程中,可以借机让宝宝认识食物的颜色、大小,发展宝宝的语言能力;如果宝宝吃得很好,及时表扬,可以增强宝宝的成就感。

一 添加辅食的条件

不能"一刀切"地让所有宝宝在同一月龄添加辅食,而是要根据不同宝宝的需求和表现添加辅食。给宝宝添加辅食需要同时满足以下条件。

对大人吃饭感兴趣 宝宝对大人吃饭表现出兴趣,如大人吃饭时,宝宝兴奋甚至发出吧唧声,是辅食添加的一个重要信号。

吃奶已经形成规律 宝宝每天吃奶5～6次,每隔3～4小时喂一次,已形成规律。

开始流口水 流口水说明宝宝的唾液腺开始分泌消化酶,除了消化奶之外还可以消化其他食物。

推舌反射消失 推舌反射是指宝宝嘴唇受到碰触时,舌头会自动伸到口腔外部的现象。这是宝宝天生具有的一种生理反射。这种反射是新生儿寻找乳头、吮吸奶水所需。在宝宝出生后的前几个月里,推舌反射十分强烈;随着宝宝的成长,这种反射会逐渐减弱,通常在出生后4～6个月消失。推舌反射的存在会影响宝宝的正常进食,因此在添加辅食前,要确认这种反射已经消失:用勺子舀一点高铁米粉,如果宝宝能顺利把食物吃下去,就说明推舌反射消失了;如果宝宝用舌头把勺子顶出来,就说明推舌反射还没有消失,此时不能添加辅食。需要注意的是,宝宝用舌头把勺子顶出来不是因为宝宝不爱吃辅食,而是推舌反射没有消失的表现。个别宝宝到出生后7个月左右,推舌反射才消失。

频繁咬奶嘴或乳头 这说明宝宝"牙痒",需要用辅食解痒,不然出牙期的痒会导致宝宝夜醒频繁。有的照护者误以为这是宝宝缺钙的表现,就错过了添加辅食的一个重要时机。

能坐住 添加辅食之后,宝宝就要开始进食泥糊状食物和固体食物了,如果宝宝无法坐住,非常容易导致呛咳、窒息。为了能按时添加辅食,5个月之前的早教就显得十分有必要(这也是自然规律的魅力所在,一步慢往往导致步步慢)。把宝宝放到有围栏的宝宝餐椅上,如果宝宝能自己坐住或者靠在围栏上坐住,而不是滑动或者躺下,那么就满足了这项添加辅食的条件。

只有同时满足以上6个条件,才能添加辅食。另外,如果宝宝体重超过出生时体重的2倍,或者低出生体重儿(出生时体重低于2 500克)已经长到6千克左右,虽然奶量充足,但是体重增长不达标,也需要添加辅食。

二 添加辅食的 准备工作

(一)食材的选择

选择当地的、新鲜的、无污染的食材。与居住地越近的地区产的食材越适宜,越远的地区产的食材越容易反季。可以给宝宝吃有机蔬菜。有机蔬菜相较于普通蔬菜,不易含有农药残留和化肥成分,更加安全、健康。有机蔬菜中的维生素、矿物质等营养成分含量也更高,有利于宝宝的生长发育。可以购买有机蔬菜,也可以自己种植有机蔬菜,保证蔬菜的安全性和新鲜度。需要注意的是,有机蔬菜价格较高,可以根据经济情况做出选择。还应该注意选择适合宝宝消化能力的蔬菜,避免选择难以消化的蔬菜。

不要选择含有添加剂的食品,如方便面、果冻、罐头、糖果、饮料、香精类膨化食品、含乳饮料,这些食品中的添加剂如甜味剂(木糖醇、甜蜜素、糖精)容易让宝宝产生饱腹感,从而导致厌食等问题。而宝宝身体所需的碳水化合物如葡萄糖、果糖、蔗糖、淀粉、乳糖,都可以从健康的食物中获取。

纯净水通常是经过多重处理和过滤的,去除了水中的大部分矿物质如身体所需的微量元素,不建议作为宝宝饮用水的唯一来源。相比之下,矿泉水或普通白开水含有更多的矿物质。需要注意的是,给宝宝饮用的水必须是符合卫生标准、安全无害的,可以直接饮用或煮沸后使用。此外,在添加辅食期间,也可以通过加强母乳或配方奶的喂养量,来帮助宝宝摄入足够的水分。

购买和处理食材时,生熟要分开,避免污染,不要选择临近过期的食品。

(二)调料的选择

1. 盐

根据世界卫生组织的建议,1岁以下宝宝的钠需求量非常低,从母乳或配方奶中获取钠即可,因此不需要在辅食中额外添加盐。钠摄入量过高会对宝宝的肾脏造成负担,并且长期的高盐饮食易导致高血压等健康问题。1岁以后的宝宝,饮食中可以适当加盐,每天2克左右。如果家人与宝宝吃一样的食物,可以在分餐前取出一部分再加盐。

2. 糖

一般来说,不要给宝宝添加糖或者人工甜味剂,因为糖会引起龋齿和肥胖等问题。应该尽量选择含糖量较低的天然食材为宝宝做辅食,如蔬菜、水果、全麦。如果过早让宝宝吃到了甜味,宝宝会排斥淡而无味或者稍显苦涩的食物,造成挑食、厌食等问题。

3. 食用油

制作辅食时,选择合适的食用油是很重要的。植物油含有不饱和脂肪酸,有助于宝宝的生长发育尤其是神经系统发育。同时,植物油中的维生素 E 等抗氧化物质,可以对宝宝的免疫系统起到一定的保护作用。可以优先选择橄榄油、芝麻油、核桃油等较为常见的植物油,不易引起过敏。菜籽油、花生油容易引起过敏,而且不易被宝宝吸收。需要注意的是,一定要选择符合食品安全标准的植物油。不要使用劣质或过期的食用油。使用食用油时要注意适量,以免给宝宝带来不良影响。一般7—12个月宝宝每天摄入食用油0～10克,1—2 岁每天 5～15 克,2—3 岁每天 10～20 克。

4. 酱油

最好不要在宝宝的辅食中添加酱油,因为酱油中含有大量的钠,而宝宝的肾脏尚未发育完全,摄入过多的钠会增加肾脏负担、引起脱水、影响宝宝的味觉发育等。如果确实需要添加酱油,可以选择无盐或者低钠的酱油。同时,要注意控制添加的量,不要添加过多。1 岁以后每次使用 1～2 滴,而且添加的时候要注意排敏,毕竟酱油是豆制品,容易引起过敏。

5. 醋

2 岁以后的宝宝才可以吃醋。辅食中加入少量的醋是安全的,不会影响宝宝味觉发育,导致味觉迟钝。需要注意的是,醋的酸度较高,有可能对宝宝的消化系统造成刺激,导致腹泻等问题。因此,在添加醋时需要注意量的控制,慢慢适应宝宝的消化系统,避免给宝宝带来不适。应该选择优质的天然醋,避免使用添加过多人工香料、色素和防腐剂等成分的醋。

添加辅食之后如果宝宝不爱吃饭,有的照护者会在辅食中添加调料,这种做法不妥。大多数宝宝厌食的原因就是积食或过早添加调料,而不是辅食的种类多少或味道好坏。

(三)辅食添加工具的选择

选择合适的辅食添加工具非常重要。要给宝宝准备专门的厨具、餐具。以下是一些常见的宝宝辅食添加工具。

婴儿勺或婴儿餐具套装　婴儿勺是最基本的辅食添加工具。要求小巧轻便,边缘柔软、光滑,不会划伤宝宝的口腔。避免使用金属餐具。也可以选择婴儿餐具套装,里面通常有一把婴儿勺、一把婴儿叉子和一只婴儿碗。市面上有适用于宝宝多个年龄段的餐具套装。

食品研磨器　如果想将食材研磨得较细,可以考虑使用食品研磨器。这种设备通常是手动的,可以自如控制研磨程度。

搅拌机　搅拌机可以很容易地将食物搅拌成更细腻的状态,适用于月龄稍大的宝宝。

冷冻冰格　因为制作一次辅食通常够宝宝吃多次,所以应当用独立冰格将辅食冷冻保存,每次只取一小块给宝宝吃就可以了。

消毒用品　准备宝宝辅食专用的消毒柜等消毒工具,而不要用家里煮饭的锅或热水烫来进行消毒。

无论选择哪种辅食添加工具,都应该确保它是干净的,并在使用前彻底清洁。

三
添加辅食的原则

(一)适时开始

根据宝宝的生长发育和营养需求,通常在宝宝 6 个月左右开始添加辅食。添加辅食的时间可以根据宝宝的具体发育情况和医生的建议进行调整。

(二)由单一到多样

添加辅食时,建议先引入单一食物,并持续观察宝宝的反应尤其是消化情况,以及时发现宝宝对某种食物是否过敏或有其他不适反应,采取相应的措施。以下是详细步骤。

(1)选择第一种食物。选择一种简单的食物作为第一次辅食添加的食材。可以选择稀糊状的米粉、米糊、燕麦粉等。这些食物的口感较为细腻,易于宝宝接受和消化。

（2）添加单一食物。连续几天只给宝宝添加这种食物,每次只给宝宝尝试一小勺。

（3）观察宝宝的过敏反应。注意观察宝宝吃完这种食物后的反应,包括口腔、面部表情、皮肤等。如果宝宝出现明显的过敏症状,如皮肤发红、呼吸急促、呕吐,应立即停止给宝宝添加这种食物。

（4）观察消化情况。除了过敏反应,还要观察宝宝对食物的消化情况。注意宝宝的大便是否正常,如颜色、质地和频率是否有异常。

（5）引入新的食物。如果宝宝对首次引入的食物没有明显的不适反应,并且消化情况良好,可以逐渐引入其他的单一食物。每次只引入一种新的食物,继续观察宝宝的过敏反应和消化情况。

通过逐步引入单一食物,可以更容易追踪和确定宝宝对不同食物的反应,有助于判断宝宝是否对某种食物过敏或不适应。如果宝宝逐渐适应了多种单一食物,可以逐渐开始尝试混合食物,以丰富宝宝的饮食。

（三）由稀到稠

宝宝开始适应辅食后,逐渐增加食物的浓稠度,以促进宝宝的口腔运动和咀嚼能力的发展。

在宝宝开始接触辅食时,通常选择较为细腻的食物,如稀糊状或泥状的食物。这些食物易于宝宝咽下,适应宝宝的消化能力。刚开始添加辅食,水与米粉的冲泡比例是16:1,然后过渡到10:1,7个月宝宝辅食的水与米粉比例是7:1,8个月的是5:1。如果没有按照这个比例变化进行冲调,宝宝容易便秘,肠道无法接受从奶到辅食的变化。

（四）质地逐渐丰富

随着宝宝逐渐适应辅食,可以丰富食物的质地,让宝宝逐步接触更多样的口腔刺激,进行更具挑战性的咀嚼活动。可以采取以下步骤逐渐丰富食物的质地。

（1）从稀糊状到糊状。从最初的稀糊状食物逐渐过渡到更为浓稠的糊状食物。可以通过增加食材的浓度或者降低研磨程度来实现。

（2）从糊状到颗粒状。在宝宝适应了糊状食物后,可以引入颗粒状的食物,如煮软的蔬菜、水果或者烂熟的肉类。可以将这些食物捣碎成细小的颗粒,以适应宝宝的咀嚼能力。

（3）从颗粒状到碎块状。在宝宝掌握咀嚼技巧之后,可以引入碎块状的食物,如煮软的蔬菜、水果、面包。确保这些食物大小适宜,让宝宝能够安全地咀嚼和吞咽。

（4）从碎块状到固体。当宝宝能够熟练咀嚼和吞咽碎块状食物后,可以逐渐引入固体食物,如块状的水果、蔬菜、面条。确保这些食物易于咀嚼和消化。

在逐渐丰富食物质地的过程中,要注意观察宝宝的反应和适应情况。如果宝宝被食物噎到或吞咽不畅,应减缓引入新的食物质地。

（五）种类逐渐多样化

在逐渐引入多种质地的食物后,应确保给宝宝提供多样化的食物,包括谷物、蔬菜、水果、蛋类、肉类等。这有助于宝宝获取全面的营养,并培养宝宝对各种食物的接受能力。

1. 蔬菜

蔬菜是宝宝辅食的重要组成部分,能为宝宝提供丰富的维生素、矿物质和膳食纤维。建议每天为宝宝提供至少一种蔬菜。可以选择菠菜、苦菜、胡萝卜、南瓜、西兰花、豌豆等。可以煮熟、蒸熟或烤熟,并将其捣碎或剁碎成适合宝宝消化的质地。

2. 水果

水果富含维生素、矿物质和果糖。建议每天给宝宝提供一种或多种水果,如香蕉、苹果、梨、蓝莓。可以将水果煮熟、蒸熟,并将其捣碎或剁碎成适合宝宝消化的质地。

3. 蛋类

蛋类是优质的蛋白质来源,还富含脂肪、维生素和矿物质等。在宝宝8个月后的辅食中可以逐渐引入蛋黄。开始时可以将蛋黄蒸熟或煮熟,并将其捣碎或切碎成适合宝宝食用的质地。需要注意的是,如果宝宝有过敏史,应在医生的指导下引入蛋黄。

4. 肉类

肉类是宝宝获取蛋白质和铁的重要来源。可以选择鸡肉、牛肉或猪肉等瘦肉,将其煮熟、蒸熟或烤熟,并将其剁碎或切碎成适合宝宝食用的质地。

5. 谷物

谷物是宝宝获取碳水化合物的重要来源。可以选择米粉、燕麦、小麦等,煮熟后捣碎或切碎成适合宝宝食用的质地。

(六)小心过敏原

常见的含有过敏原的食物包括鸡蛋、牛奶、花生等坚果、大豆、鱼类、贝类、小麦等。将这些食物引入宝宝辅食时需要特别小心,先从少量开始,并密切观察宝宝的反应。应每次只引入一种食物,两种食物间隔2～3天,以便发生过敏时确定过敏原,观察宝宝的过敏反应,如皮疹、呕吐、腹泻、哮喘等。如果宝宝在引入某种食物后出现过敏反应,应立即停止食用并就医。

(七)从少量到多量

少量、逐步地引入辅食可以避免宝宝积食而频繁夜醒。7个月宝宝从每顿吃20毫升辅食逐步增加到50毫升,8个月宝宝从50毫升增加到100毫升,9个月宝宝从100毫升增加到150毫升左右,像这样逐渐增加饭量。

(八)自然食材优先

宝宝辅食应优先选择天然食材,如新鲜的蔬菜、水果、谷物。天然食材富含营养物质,有利于宝宝健康成长。1岁之内宝宝的辅食不要添加调料,应少糖、少油腻。原因主要有以下几点。

营养均衡 给宝宝添加辅食主要是为了引入新的食物,让宝宝逐渐适应不同的食物口味和质地,以及为了满足宝宝的营养需求,而不是给宝宝提供油和糖。过多的油和糖可能导致宝宝的营养摄入不均衡,增加肥胖和其他健康问题的风险。

符合消化能力 在开始引入辅食时,宝宝的消化系统仍然处于发育阶段,消化能力较弱。过多的油腻食物会给宝宝的消化系统带来负担,容易引起腹胀、腹泻等问题。

　　培养健康的饮食习惯　控制油和糖的摄入有助于培养宝宝健康的饮食习惯。过多的油和糖会让宝宝对这些口味产生偏好,形成不良的饮食习惯,增加肥胖和其他慢性疾病的风险。

（九）尊重宝宝的食欲和饮食节奏

　　宝宝的食欲和饮食节奏会随着成长而变化。应尊重宝宝的食欲和饮食节奏,不要强迫宝宝吃得过多或过少。

（十）坚持母乳或配方奶

　　在添加辅食后,母乳或配方奶仍然是宝宝的主要营养来源,辅食只是作为补充。应继续给宝宝喂养母乳或配方奶,以满足宝宝的营养需求。

四
宝宝食物的
9个"第一口"

（一）第一口食物是母乳

　　妈妈在怀孕16周就开始产生乳汁。母乳富含多种营养成分,能够满足宝宝生长发育的需求,还含有多种益生菌,能保护宝宝的肠胃,让宝宝有更强的体质,在辅食添加阶段更好地抵御过敏。

（二）第一口辅食是高铁米粉

　　铁是人体造血过程中必需的元素,对宝宝的神经系统发育和免疫功能的发展至关重要。摄入足够的铁有助于预防贫血。

　　不要采用自制的小米粥等食物作为宝宝的第一口辅食,因为一开始给宝宝添加辅食的主要原因是母乳和配方奶里的铁不足以满足宝宝的需求,而自制的小米粥也不能达到补充铁的目的。高铁米粉是一种很好的辅食选择。高铁米粉通常由富含铁的谷物制成,如糙米、小米、大麦,能满足宝宝对铁的需求。此外,高铁米粉具有细腻的质地,易于宝宝咀嚼和消化,可以引导宝宝接受新的食物口味和质地,适合用作宝宝最初的辅食。

母乳喂养的宝宝应选择铁含量较高的高铁米粉;而配方奶喂养的宝宝尽量选择铁含量比较低的米粉,不然宝宝摄入铁过多,大便呈绿色,而且容易过敏。

(三)第一口油是核桃油

核桃油是一种较不容易引起过敏的植物油。它含有丰富的营养物质,对于宝宝的成长和发育有一定的益处,主要表现在以下方面。

脂肪酸 核桃油富含多不饱和脂肪酸,特别是ω-3脂肪酸,如亚麻酸和α-亚麻酸。这些脂肪酸对宝宝神经系统的发育至关重要。

抗氧化剂 核桃油含有抗氧化剂,如维生素E和多酚类化合物,可以保护宝宝的细胞免受自由基的损伤。

营养补充 核桃油还含有一些维生素和矿物质,如维生素B_6、镁、铜,这些营养物质对宝宝的健康有一定的贡献。

(四)第一口泥是土豆泥

土豆是一种营养丰富的食物,而且宝宝唾液腺发育产生的消化酶很适合消化碳水化合物,因此土豆适合作为宝宝的辅食。具体来说,土豆泥有以下好处。

富含碳水化合物 土豆富含碳水化合物,能有效地为宝宝提供能量。

富含维生素和矿物质 土豆含有多种维生素和矿物质,包括维生素C、维生素B_6、钾、镁等。这些营养物质对宝宝的免疫系统、神经系统和消化系统的发育很重要。

容易消化 土豆泥的质地柔软,容易消化,是宝宝辅食添加过程中由稀糊状逐渐过渡到固体食物的良好选择。

味道适宜 土豆泥的味道相对温和,宝宝比较容易接受。

相比较而言,第一口吃土豆泥比第一口吃水果泥要强很多。如果过早地吃了水果泥,宝宝很可能会厌倦淡而无味的碳水化合物。所以在先后顺序上,最好先吃根茎类蔬菜,再吃叶菜,然后吃水果。

(五)第一口水果泥是苹果泥

如果宝宝不是过敏体质,苹果泥、香蕉泥都可以较早添加;如果宝宝是过敏体质,不建议添加香蕉泥。

1. 苹果泥作为辅食的优点

营养丰富 苹果是一种富含维生素、矿物质和抗氧化物质的水果。它含有的维生素和矿物质如维生素 A、维生素 E、钾,对宝宝的生长发育非常有益。

膳食纤维 苹果含有丰富的膳食纤维,有助于维持宝宝肠道正常功能,预防便秘。

抗氧化物质 苹果富含抗氧化物质,如多酚和维生素 C,有助于保护宝宝的细胞免受氧化损伤。

口感适宜 苹果泥质地柔软,易于吞咽和消化。它可以作为宝宝辅食添加过程中由稀糊状逐渐过渡到固体食物的一种选择。

甜味 苹果具有天然的甜味,是宝宝喜爱的,能帮助宝宝接受新的食物。

2. 注意事项

给宝宝添加苹果泥时,应注意以下几点。

去皮和去核 在制作苹果泥时,最好去除苹果的皮和核,以免宝宝吃到不易咀嚼或易造成窒息的部分。

选择新鲜、成熟的苹果 选择新鲜、成熟的苹果来制作苹果泥,以确保苹果泥的营养价值和口感最佳。

清洁和灭菌 在制作苹果泥之前,彻底清洁辅食制作工具,并进行适当的灭菌处理,以防止细菌等污染。

适量引入 初次给宝宝添加苹果泥时,应少量。若宝宝能够适应和消化苹果泥且食用后无不良反应,再逐渐增加添加量。

(六)第一口肉泥是鸡肉泥

如果给宝宝吃的第一口肉泥是红肉类如牛肉、羊肉、猪肉的肉泥,容易引起宝宝过敏,建议第一口肉泥是鸡肉泥。

1. 鸡肉泥作为辅食的优点

优质的蛋白质来源 鸡肉是一种优质的蛋白质来源,富含人体必需氨基酸,对宝宝的生长发育至关重要。

铁、锌含量高 鸡肉富含铁、锌,这两种矿物质对宝宝体内血红蛋白的合成、免疫功能的完善和神经系统的发育都非常重要。铁是预防贫血的关键营养元素,而锌有助于促进宝宝的免疫系统功能和细胞生长。

富含维生素 B_{12} 鸡肉是维生素 B_{12} 的良好来源。维生素 B_{12} 对宝宝神经系统的发育和红细胞的形成至关重要。

脂肪含量适中 鸡肉中含有适量的脂肪,能为宝宝提供能量和脂溶性维生素。

易消化且口感适宜 鸡肉泥质地柔软,适合宝宝吞咽和消化。它可以作为宝宝辅食添加过程中由稀糊状逐渐过渡到固体食物的一种选择。

2. 注意事项

在给宝宝添加鸡肉泥时,应注意以下几点。

确保熟透 鸡肉必须熟透,以杀灭可能存在的细菌,确保宝宝的饮食安全。

去骨和去皮 在制备鸡肉泥时,最好去除鸡骨和鸡皮,以避免宝宝吃到不易咀嚼或者造成窒息的部分。

引入适量 初次添加鸡肉泥时,应少量。观察宝宝对鸡肉泥的反应,确保宝宝能够适应和消化它,再逐渐增加添加量。

(七)第一口蛋黄是1/4 个

如果宝宝是过敏体质,8个月之后再添加蛋黄;如果宝宝不是过敏体质,可以在 6 个月时开始添加蛋黄。开始添加蛋黄时必须少量,如果吃得过多,一旦过敏,情况就比较严重。建议从 1/4 个蛋黄开始添加。

1. 蛋黄作为辅食的优点

蛋白质和脂肪的来源 蛋黄富含优质蛋白质和脂肪,是宝宝正常生长发育的重要能量来源。

铁和维生素 B_{12} 含量高 蛋黄含有丰富的铁和维生素 B_{12},对宝宝的血红蛋白合成和神经系统发育非常重要。

硒含量丰富　蛋黄富含硒。硒是一种重要的抗氧化剂,有助于宝宝免疫系统维持正常功能。

富含脂溶性维生素　蛋黄富含脂溶性维生素,如维生素 A、维生素 D 和维生素 E。这些维生素对宝宝的视力、骨骼发育和免疫系统健康非常重要。

风味丰富　蛋黄可以提供多样化的口感和味道,有助于宝宝的味觉发展,培养宝宝对食物的喜好。

2. 注意事项

在给宝宝添加蛋黄作为辅食时,应注意以下几点。

逐渐引入　初次添加蛋黄时,可以从少量开始。观察宝宝对蛋黄的反应,确保宝宝能够适应和消化它,再逐渐增加添加量。

完全煮熟　蛋黄必须完全煮熟或蒸熟,确保没有生的部分,以杀灭可能存在的细菌,确保宝宝的饮食安全。

单一引入　初次添加蛋黄时,最好将其作为单一食物引入,不与其他新食物同时添加,以便观察宝宝是否对蛋黄过敏或出现其他不良反应。

（八）第一口米粥是十倍粥

十倍粥是指做粥时,米和水的比例是 1∶10,这样做出的粥更加软烂,容易消化。如果粥过于浓稠,宝宝会出现消化不良的情况。8 个月以后可以变成七倍粥,9 个月后变成五倍粥,如此逐步增加粥的浓稠度。

（九）第一口面条是菜泥碎碎面

从 7 个月后期,可以开始让宝宝尝试菜泥碎碎面,由菜泥过渡到菜碎。

五
添加辅食的顺序

（一）食物的质地顺序

添加辅食要逐渐增大颗粒，而不可以跳跃性地添加。如果先吃泥、糊，突然有一天添加了面条，之后又吃了碎菜，宝宝的肠道无法适应这么快的变化。照护者往往走入这样的误区：以为宝宝爱吃，于是就跳跃性地改变辅食的形状、质地，或者在出牙期贸然添加大块的食物缓解宝宝的不适感。但是这样一来，宝宝一旦吃坏了肠胃就很难恢复。

按照食物质地，正确的添加顺序应该是：泥糊状→烂粥→烂面→碎菜→颗粒→软米饭→软面条→小饺子→小包子→馄饨→固体食物（图6-1）。

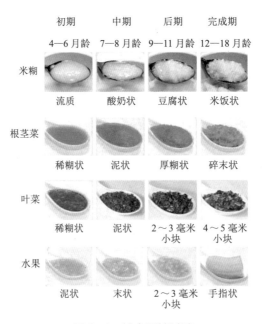

图6-1　辅食质地过渡

（二）食物的类别顺序

照护者常犯的错误是先给宝宝吃有营养的食物,如营养丰富的水果,这容易导致宝宝对没有味道的米粉产生排斥,对苦涩的蔬菜产生排斥。甜味比较容易让宝宝"上瘾"。另外,有的照护者会先给宝宝添加肉类,但是肉类主要成分是蛋白质和脂肪,这两类物质在母乳和配方奶中的含量都比较高,添加得过早或过多容易让宝宝消化不良。

按照食物类别,正确的添加顺序应该是:谷物(米粉)→蔬菜汁或泥→水果泥→动物性食物(蛋黄、鱼肉、禽肉、畜肉的泥或松)。

（三）动物性食物的添加顺序

照护者常犯的错误是先给宝宝吃鱼和海虾,认为这些食物的营养价值比较高。这个做法特别容易导致宝宝过敏。应当先让宝宝少量尝试富含蛋白质和脂肪的食物。宝宝如果适应了蛋黄,那么对鱼、虾的适应能力往往会更强;如果连蛋黄都不适应的话,鱼、虾就更不易适应了。

动物性食物的正确添加顺序是:蛋黄泥→鱼泥(剔骨)→虾泥→全蛋→肝泥→肉末。

六
不同月龄宝宝的
饮食技能和重要营养物质

6个月以上宝宝应掌握的饮食技能及所需的重要营养物质见表6-1。

表6-1 6个月以上宝宝的饮食技能及重要营养物质

月龄	辅食种类	饮食技能	重要营养物质
6	高铁米粉	熟悉辅食	维生素 A、维生素 C、维生素 D、矿物质

续表

月龄	辅食种类	饮食技能	重要营养物质
7—8	稀粥、菜泥、水果泥	用匙进食	维生素 A、维生素 B、维生素 C、矿物质、膳食纤维、蛋白质
9—10	烂面、烤馒头片、饼干、鱼、蛋、肝泥、肉末	咀嚼	动物蛋白质、铁、锌、维生素 A、维生素 B
11—12	粥、软饭、面条、碎菜、豆制品	咀嚼	B 族维生素、矿物质、膳食纤维、蛋白质
>12	鲜鱼、鲜虾、软饭、豆制品	养成好的进食习惯	维生素、矿物质、蛋白质、不饱和脂肪酸

给宝宝添加辅食后比较重要的是一日膳食安排。如何安排吃奶的时间和吃辅食的时间,是宝宝 5 个月之后照护者的重要工作之一。表 6-2 为 6—8 个月宝宝的一日膳食安排。

表6-2　6—8个月宝宝一日膳食安排

时间	食物
6:00	母乳或配方奶 150 毫升
8:00	果泥或蔬菜泥 25 克
10:00	米糊 25 克、菜泥 20 克、蛋黄 1/2 个
13:00	母乳或配方奶 150 毫升
15:00	果泥或青菜泥 25 克
17:00	母乳或配方奶 150 毫升
20:00	母乳或配方奶 150 毫升

8—12 个月宝宝过渡到了细嚼期,饮食颗粒增大,可以吃菜碎、疙瘩汤、面条、手指状食物、小饼等,饮食基本形成规律,每 3 小时喂食一次。一定要完全断掉夜奶。表 6-3 为 8—12 个月宝宝的一日膳食安排。

表6-3 8—12个月宝宝一日膳食安排

时间	食物
6:00	母乳或配方奶150～200毫升
9:00	母乳或配方奶150～200毫升
10:00	蛋黄或全蛋1个、果泥25～50克
15:00	母乳或配方奶150～200毫升
16:30	果泥或青菜泥25～50克
18:00	面片25～50克、菜泥20克、鱼肉泥25克
21:00	母乳或配方奶150～200毫升

13个月以后,宝宝的饮食与成人的接近,吃饭的时间也与成人的差不多。随着生长发育,宝宝的营养需求增多,可以在三餐之间加餐,红薯软饭、鲜肉馄饨、土豆饼、虾仁炖豆腐、蔬菜鸡蛋饼都是粗细适合而且比较容易消化的食物。表6-4为13—18个月宝宝的一日膳食安排。

表6-4 13—18个月宝宝一日膳食安排

时间	食物
6:00	母乳或配方奶200～250毫升、小面包25克
8:30	鸡蛋1个、苹果100克
12:00	软饭50克、清蒸鱼30克、虾皮炒青菜50克
15:00	菜肉包1个、水果50克
18:00	软饭50克、虾皮炒豌豆50克
21:00	母乳或配方奶200～250毫升

$$\begin{array}{c} 七 \\ 缺钙、铁、锌的宝宝 \\ 辅食添加注意事项 \end{array}$$

（一）缺钙

1. 表现

许多人错误地认为宝宝缺钙的现象包括以下几点。

头发稀少　有人认为宝宝头发稀疏是因为缺钙，但头发的稀疏与否与钙的摄入量并没有直接关系，而是与遗传、生长发育等因素有关。

骨骼软弱　有人认为宝宝骨骼软弱是缺钙的表现，但实际上，骨骼发育受到多种因素的影响，包括钙的摄入、维生素 D 的代谢、运动等。

食欲不佳　有人将宝宝食欲不佳归咎于缺钙，但食欲的变化可能与宝宝的生长发育、健康状态、环境变化等因素有关，并不完全取决于钙的摄入量。

摇头、枕秃　宝宝的前庭没有发育完全，所以会摇头，而频繁摇头与枕头摩擦会导致枕秃，这与缺钙是没有直接关系的。

出牙晚　出牙晚与缺钙没有直接关系，而与遗传因素有直接关系。

睡觉出汗多　宝宝睡觉出汗多是因为太热或其他原因，与缺钙没有直接关系。

夜醒频繁、闹觉　宝宝睡眠质量不佳与护理和饮食有关，而不是由缺钙直接导致的。

宝宝缺钙会有以下表现。

骨骼发育问题　缺钙可能导致宝宝骨骼发育不良，如骨折风险增加、骨骼畸形、牙齿不牢固。

肌肉问题　缺钙可能导致宝宝肌肉无力或痉挛。

神经系统问题　缺钙可能对宝宝的神经系统发育产生影响，出现痉挛、手足抖动、易激动或情绪不稳定等症状。

呼吸系统问题　缺钙可能影响宝宝的呼吸系统,导致呼吸困难或其他异常。

免疫系统问题　缺钙可能使宝宝的免疫系统受到影响,宝宝易患感冒、呼吸道感染等疾病。

如果宝宝出现上述症状,建议向医生咨询,进行相关检查和评估,以确定是否缺钙。

2. 辅食添加建议

如果宝宝缺钙,辅食可以选择一些富含钙的食物。

奶制品　牛奶、酸奶、奶酪等是良好的钙来源。适当添加适合宝宝月龄的奶制品作为辅食,可以提供宝宝所需的钙。

绿叶蔬菜　绿叶蔬菜如菠菜、小白菜、芥蓝等富含钙。可以将这类蔬菜煮熟后捣成泥或切碎,添加到宝宝的辅食中。

豆类及其制品　豆腐、豆浆、黄豆等也是较好的钙来源。可以将这类食材煮熟或蒸熟,捣成泥状或切成小块,作为宝宝的辅食。

富含钙的水果　柑橘类水果如橙子、柠檬,以及石榴、猕猴桃等水果含有丰富的钙质。

钙强化辅食　一些辅食产品可能含有额外添加的钙。可以选择适合宝宝月龄的钙强化辅食,但要注意选择符合质量标准的产品。

应逐渐引入富含钙的食物,并注意宝宝对食物质地和口感的适应性。同时,饮食的多样化也有助于提供宝宝所需的各种营养物质。

(二)缺铁

1. 表现

贫血　铁是血红蛋白的关键成分。如果宝宝缺铁,可能会贫血。贫血症状包括皮肤苍白、唇色苍白、容易疲劳、心跳加快等。

食欲缺乏　宝宝缺铁时,可能会对食物失去兴趣,出现食欲缺乏或者拒食的情况。

发育迟缓　缺铁可能影响宝宝的身体发育,导致身高和体重增长缓慢,智力发育受到影响。

免疫力下降　铁是免疫系统正常运作所需的重要元素之一。宝宝缺铁可能导致免疫功能下降,容易患感冒、呼吸道感染等。

注意力不集中　铁是神经系统正常运作所需的重要成分之一。宝宝缺铁可能导致注意力不集中、注意力不稳定等问题。

如果观察到宝宝出现上述症状或有缺铁的疑虑,应咨询医生,进行相关检查,确认宝宝是否缺铁,并根据情况制定相应的治疗方案。同时,合理的辅食添加和均衡的饮食也是预防和改善宝宝缺铁症状的重要措施。

2. 辅食添加建议

宝宝对铁的需求量从 6 个月开始逐渐增加。根据世界卫生组织的建议,6—12 个月宝宝每天应摄入约 11 毫克铁。因为在这个阶段,宝宝的生长速度有所增加,并且铁对宝宝的神经系统发育和免疫系统功能也起着重要作用。

为了满足宝宝对铁的需求,可以选择富含铁的食物作为辅食。富含铁的食物包括红肉(如牛肉、猪肉)、禽肉(如鸡肉)、鱼类、豆类和豆制品(如豆腐、豆浆)、全麦食品(如全麦面包、全麦米粉)、绿叶蔬菜(如菠菜、羽衣甘蓝)、干果(如葡萄干、杏仁)等。为了提高铁的吸收率,可以搭配富含维生素 C 的食物,如柑橘类水果、草莓、番茄等。

需要注意的是,过量的铁摄入会对宝宝的健康造成负面影响。因此,在给宝宝添加辅食时,要注意食物的选择和合理搭配,避免过度依赖某一种食物,尽量保证饮食的均衡和多样化。

(三)缺锌

1. 表现

通常情况下,不缺铁的宝宝是不会缺锌的。宝宝缺锌可能会出现以下症状。

生长迟缓　锌是促进生长和发育的重要营养元素,缺锌可能导致宝宝身高和体重增长较慢。

免疫功能下降　锌对于免疫系统的正常运作至关重要。缺锌可能导致宝宝容易感染疾病,如呼吸道感染、皮肤感染,并且可能表现为反复感染或难以康复。

皮肤问题　锌参与皮肤细胞的生长和修复。缺锌可能导致宝宝出现皮肤问题,如皮疹、湿疹、皮肤干燥或糜烂。

消化问题　锌是消化酶的组成元素。缺锌可能导致宝宝出现消化问题,如食欲缺乏、腹泻、便秘等。

味觉和嗅觉异常　锌对维持味觉和嗅觉的正常功能至关重要。缺锌可能导致宝宝对食物的味道和气味敏感度下降,影响食欲,甚至产生异食癖,表现为捡脏东西吃、吃头发等。

如果怀疑宝宝缺锌,建议咨询医生,进行相关检查和评估,根据医生的建议治疗。不建议采用检测微量元素的方式,因为这样的检查结果是不准确的。

2. 辅食添加建议

缺锌宝宝的辅食中可以添加下列富含锌的食物。

畜肉、禽肉　牛肉、猪肉等红肉和禽肉是富含锌的食物。可以将熟透的肉切碎或制成肉泥,添加到宝宝的辅食中。

鱼肉　富含锌的鱼类包括沙丁鱼、鳕鱼、鲈鱼等。可以将鱼肉煮熟后去骨,然后捣碎成鱼泥,添加到宝宝的辅食中。

豆类和豆制品　黄豆、红豆、绿豆等豆类及豆制品如豆腐、豆浆也是富含锌的食物。可以选择无盐或低盐的豆腐,将其捣碎成豆腐泥,作为宝宝的辅食。

坚果、种子　杏仁、核桃、腰果等坚果以及南瓜子、葵花子等种子含有丰富的锌。可以将坚果、种子研磨成粉末,加入宝宝的辅食。

谷物　全麦、燕麦、小麦胚芽等也含有一定量的锌。可以研磨成细粉,添加到宝宝的米粉或粥中。

需要注意的是,添加到辅食中的食物应该适合宝宝的月龄,避免添加过多的调味品和盐。含锌的食物当中有不少是容易使宝宝过敏的,要根据前面所讲的辅食添加原则添加。

八
宝宝进食
习惯养成

（一）正确使用餐桌椅

给宝宝准备专门的餐桌椅。吃饭的时候，先把宝宝抱到餐桌椅上；除了吃饭的时间之外，不要把宝宝放在餐桌椅上，避免宝宝"误会"，导致吃饭的时候不专心。

（二）进食环境

宝宝吃饭时不要让宝宝看电子设备或玩玩具，不能让无关事物分散宝宝的注意力，而要通过专注力的培养让宝宝养成认真吃饭的好习惯。如果总是用玩具逗引或者诱惑宝宝吃饭，是无法养成良好的进食习惯的。要知道，吃饭的目的可不仅仅是把饭吞下去。如果宝宝非要玩玩具，那么就停止吃饭，让宝宝去玩，千万不可让宝宝同时做两件事情。

（三）让宝宝自己吃饭

当宝宝可以用手拿着食物自己吃的时候，无论看上去有多么不干净、不整洁，照护者也不要去喂饭。喂饭会导致宝宝的手眼协调能力变差，缺乏独立性。俗话说"早脏早干净"，这是非常有道理的。宝宝越是吃饭抹得到处都是，越容易锻炼手眼协调能力，越易于培养独立自主的能力，以后就会越来越干净。

九
辅食的保存

每顿饭现做现吃,这是最佳的食用方式。如果时间或精力不允许,也可以选择用正确的方式来保存辅食。

(一)冷藏保存

做好辅食后,及时分装到干净的密封玻璃瓶或辅食盒中,待凉透后放入冰箱。冷藏一般可以保存3天左右,应尽快食用。

(二)冷冻保存

如果肉泥等食物做得比较多,可以放到独立的冰格中冷冻保存,可保存1个月以上。通常,冷冻保存的都是肉类,而蔬菜、水果类现吃现做就可以了。

冷冻保存后的食物,要解冻后高温加热才可以食用。

十
宝宝拒绝吃辅食
怎么办?

宝宝有的时候不吃饭或者拒绝吃辅食,照护者要正确认识和处理这一问题。尤其是家中长辈可能会更焦急:宝宝上一顿吃得挺好,也爱吃,怎么这顿不爱吃了?毕竟成年人偶尔也会不想吃饭,宝宝不爱吃饭时不能强迫他们,不然会让宝宝产生心理压力或对这种食物反感,再见到这种食物就容易想起不愉快的经历,产生排斥心理。

《道德经》第五章的内容或许会给我们一些启发:"天地不仁,以万物为刍狗。圣人不仁,以百姓为刍狗。天地之间,其犹橐籥乎?虚而不屈,动而愈出。多言数穷,不如守中。"

这一段强调了"天地不仁"的思想,意味着宇宙的运行并不依赖于仁慈与否。而后面提到的"虚而不屈,动而愈出"可以理解为在面对问题时要保持柔软的态度,不要强求。"多言数穷,不如守中"则提醒我们在面对问题时,不妨保持平静,观察问题的本质,遵循中庸之道。

(一)宝宝拒绝吃辅食的原因

宝宝拒绝吃辅食可能有多种原因。

不熟悉新口味和质地 宝宝从出生开始主要依赖母乳或配方奶喂养,对于新的食物口味和质地可能感到陌生,因此会拒绝。

发育阶段差异 每个宝宝的发育进程都不完全相同。有些宝宝可能在发育上稍微滞后,导致他们对固体食物的接受能力较弱。

不适应新的饮食方式 添加辅食前,宝宝主要通过吮吸的方式来进食,而辅食需要宝宝学会咀嚼和吞咽,这对于一些宝宝来说是一个不小的挑战。

感觉敏感 有的宝宝对食物的颜色、质地、温度等更敏感,因此会选择性地拒绝某些食物。

不饿 宝宝可能在喂食前已经吃饱,因此对辅食没有兴趣。

身体不适 宝宝如果感到不舒服,如生病或口腔有问题(出牙不适等),可能会食欲减退。

喜好和个性差异 每个宝宝都有自己的偏好和个性,可能会对某些食物表现出喜欢或厌恶。

如果宝宝拒绝吃辅食,应保持耐心,让宝宝尝试不同的食物、不同的质地和味道,给予宝宝适应的时间,逐渐引导宝宝接受新的饮食方式。同时,创建愉快和积极的用餐环境,可以与宝宝一起进食,观察宝宝的饥饿信号,有助于宝宝逐渐接受辅食。

（二）宝宝拒绝吃辅食的应对方法

可以分两种情况来解决宝宝拒绝吃辅食的问题。

1. 宝宝不吃新的食物

宝宝不吃新的食物是很正常的现象。宝宝对新的食物有一个适应过程，有的宝宝要尝试 10 多次才愿意接受新的食物。如果遇到这种情况，建议照护者与宝宝一起吃这种食物，吃的时候表情和语言都不可以表现出对这种食物感到奇怪、厌恶等负面情绪，而要以积极的、乐观的语言和态度对待。例如，照护者边吃边说："胡萝卜好可爱、好好吃！吃胡萝卜对眼睛好，妈妈在吃，宝宝也一起吃吧！""妈妈喜欢吃菠菜，有一种清新的、甜甜的味道！"

2. 宝宝突然不喜欢吃之前吃过的食物

这种情况很有可能与用餐环境有关，与陪同吃饭的照护者有关。是换地方吃饭了还是换照护者了？遇到这种情况，一定要有耐心，给宝宝充足的关爱。照护者可以陪同宝宝用餐。

还有一种可能是宝宝积食了。宝宝积食有以下表现。

腹胀和腹痛　积食时，宝宝可能会感到腹胀或腹部有隐痛感，有时还会伴随嗳气、打嗝等消化不良的症状。

食欲缺乏　宝宝可能会食欲缺乏或拒食，即使是喜欢的食物也不愿意吃。

大便异常　宝宝可能会出现大便干燥、排便困难或排便次数减少等情况。

睡眠问题　宝宝可能会因为腹部不适而睡眠不稳定，容易醒来或夜间多次醒来。

烦躁不安　宝宝可能会表现出烦躁不安、易哭闹、难以安抚的情况。

味觉异常　宝宝可能会对食物的口味变得挑剔，对某些食物有偏好。

对于宝宝积食的处理，中医一般会采用调理脾胃、消食化积的方法，例如通过饮食调理、小儿推拿、中药调理脾胃功能等方法来帮助宝宝消化食物、排除积食。同时，照护者应注意给宝宝提供适宜的饮食，避免过于油腻、难以消化的食物，让宝宝保持良好的饮食习惯和作息规律。

无论面对哪一种宝宝拒绝吃辅食的状况，都要遵循以下原则。

保持冷静　不要因为宝宝拒绝吃辅食而情绪激动。保持冷静有助于更好地解决问题。

　　尝试不同的食物和食用方式　尝试给宝宝提供不同的食物,采用不同的食用方式,以激发宝宝的兴趣。

　　创造有趣的用餐环境　为宝宝创造一个有趣、轻松的用餐环境,如使用造型或图案有趣的餐具、与家人一起用餐。

　　让宝宝参与食物的准备过程　鼓励宝宝参与食物的准备过程,如一起选购食材、清洗蔬果,增强他们对食物的兴趣。

　　不要强迫宝宝进食　无论何种情况都不要强迫宝宝进食,以免影响宝宝的消化系统功能,对宝宝造成心理压力。

十一
辅食添加的
其他注意事项

(一)关于喝水

　　根据世界卫生组织的建议,纯母乳喂养的宝宝在前 6 个月内不需要额外的水,母乳已经包含足够的水分;配方奶喂养的宝宝在前 6 个月内通常不需要额外的水,配方奶也提供了足够的水分。

　　从 6 个月开始,宝宝开始吃辅食,可以适量给宝宝补充水。在进食过程中,宝宝可能需要些许水来帮助吞咽和消化。可以给宝宝喝饮用水或煮沸后冷却的自来水。确保给宝宝饮用干净的水。注意补充水要适量,不要过多或过少。应根据宝宝的需求和天气状况补充水,可以在进食前、进食中和进食后提供一些水。

　　对于初添加辅食的宝宝,可以用小勺或特制的喂水器喂水。随着宝宝的成长,可以逐渐引导宝宝学会使用杯子喝水,不要再用奶瓶喝水。因为水没有味道,如果喝水和喝奶都用奶瓶,容易导致宝宝排斥奶瓶而不再喝奶。

不要给宝宝任何菜水(煮菜水)、果汁,这些液体容易影响宝宝的味蕾。而且果汁里的糖分太高,容易影响宝宝牙齿生长。如果宝宝想吃水果,吃果泥或者直接吃水果就可以。

需要注意的是,不要用水代替乳汁或配方奶,因为宝宝在这个阶段仍然需要乳汁或配方奶来获得充足的营养。水主要是为了辅助宝宝吞咽和消化辅食,并满足其额外的水分需求。过多的水摄入会影响宝宝的营养均衡。

(二)关于食物过敏

食物过敏是由免疫系统对某种特定食物中的蛋白质产生异常反应而引起的。当宝宝接触过敏原后,免疫系统会将过敏原视为"威胁",释放出一系列的化学物质,导致过敏反应。

具体来说,食物过敏的过程可以分为以下几个步骤。

暴露　宝宝初次或多次接触含有过敏原的食物,如某种坚果、鸡蛋、牛奶、海产品、豆制品、籽多的水果。

识别　宝宝的免疫系统将食物中的蛋白质识别为过敏原,并产生特定的抗体——IgE 抗体。IgE 抗体会结合到宝宝体内的组织细胞上,特别是肥大细胞和嗜酸性粒细胞。

反应　当宝宝再次接触到这种食物时,过敏原与 IgE 抗体结合,导致肥大细胞和嗜酸性粒细胞释放出大量的化学物质,如组胺、白介素和其他炎症因子。这些化学物质引起宝宝身体多个系统的过敏反应,如皮肤瘙痒、荨麻疹、呼吸道症状、消化系统问题。

过敏反应的严重程度和症状因人而异。有的宝宝只出现轻微不适,而有的宝宝会出现严重的过敏反应,甚至发生过敏性休克。

过敏只表示免疫系统紊乱、不稳定,而不是免疫力高低的判断标准。

需要注意的是,食物过敏与食物不耐受是不同的概念。食物不耐受是指宝宝对某些食物或食物中的某些成分的消化能力有限,而不涉及免疫系统的异常反应。食物过敏的症状出现得较快,而食物不耐受的症状出现得较慢。

如果怀疑宝宝对某种食物过敏,建议咨询医生,进行诊断和评估。过敏诊断通常需要综合考虑宝宝的症状、过敏原暴露史、皮肤刺激试验结果、血清 IgE

抗体检测结果等。不建议 1 岁之内的宝宝做过敏原检测,因为 1 岁之内的宝宝接触的食物比较少,虽然过敏原的量可能没有达到过敏的医学标准,但是多种食物叠加起来也容易导致过敏。

第七章 | 5—12 个月 宝宝如何早教

其安易持，其未兆易谋；其脆易泮，其微易散。为之于未有，治之于未乱。合抱之木，生于毫末；九层之台，起于累土；千里之行，始于足下。为者败之，执者失之。是以圣人无为故无败，无执故无失。民之从事，常于几成而败之。慎终如始，则无败事。是以圣人欲不欲，不贵难得之货，学不学，复众人之所过，以辅万物之自然，而不敢为。

——《道德经》第六十四章

释义

　　当矛盾着的事物各方面的量相对平衡时,对该事物的控制就比较容易;在事物变化趋势不明显时就开始谋划,比变化趋势已经显露再谋划的把握更多。内部结构脆弱的在外力打击下很容易破裂,力量对比微弱的就容易涣散。粗壮的大树是由弱小的树苗长起来的,高台也是由土一点一点垒起来的,再远的路也是一步一步走的。老子从"量"的角度观察事物。

　　做事情不可能不犯错误,进行宏观管理时不可能没有失误。大多数人犯错误的原因是考虑问题时把主观因素看成唯一起主导作用的因素,没有考虑它是否与客观因素相统一。聪明的人办事会兼顾各种因素,所以就不会犯错或者少犯错。聪明人追求的是一般人不愿意追求的东西,借鉴的是别人失败的教训而不是成功的经验,不把别人认为宝贵的东西看得重要,而是时刻用别人的失败警示自己。

　　"以辅万物之自然,而不敢为"这句话十分有意思。本来事物都按照自己的规律生存和发展,人们可以不理会它们,但是如果事物需要为人服务,人就应该顺从规律,为它们提供条件,协助它们。例如,农民给庄稼和蔬菜浇水、施肥就是协助它们,农民如果到了收获季节发现收成不好才浇水、施肥,为时晚矣!

育儿/

　　在孩子的教育问题上,也应当在问题出现之前就有所防范,将问题遏制在萌芽状态,而不是不加引导,任由孩子自由发展。所谓自由,也应当是在发展规律的轨道上的自由。真正需要学习的是家长。家长了解了孩子的发育规律,了解了孩子的心理需求,一点一点地积累经验,才能做到科学"带娃"。

　　如果在宝宝出生后1～4个月,你都按照本书前面的内容进行宝宝"吃喝拉撒屁嗝睡"的照护和早教,那么,之后你需要面对的问题就会少很多。喂养方面只需继续按照之前的做法,学习辅食添加就可以了。要把更多的精力从"吃"转移到"早教"上。

一 5个月宝宝如何早教

5个月宝宝的精细动作较之前有很明显的发展。宝宝可以自己拿着奶瓶喝奶,照护者不必过多干预。这一阶段的宝宝喜欢咬东西、咬玩具、吃手等行为都是正常的,照护者不需要担心,做到保持清洁即可。

(一)精细动作训练

5个月宝宝可以进行一些精细动作训练,以促进手眼协调能力和手部运动技能的发展。以下是一些适合5个月宝宝的精细动作训练。

抓握 宝宝在5个月时已经能够做抓握动作。可以给宝宝一些适合他们手掌大小的玩具,如柔软的布质玩具、塑料链环等,鼓励他们用手抓住并握紧玩具。也可以准备一个盒子,放进玻璃球、棉花球、红豆、积木等,培养宝宝的抓握能力。

探索触摸 给宝宝提供不同材质的物品,如布料、羽毛、塑料球等,让他们用手触摸和探索,感受不同的质地和纹理。

手指游戏 与宝宝一起玩手指游戏,如捏指、拍手,这有助于锻炼他们的手指灵活性和协调性。

推拉玩具 给宝宝一些可以推拉的玩具,如推车玩具,鼓励他们用手抓住玩具的把手并进行推拉操作。

堆叠和拆卸 提供一些适合宝宝玩的堆叠玩具,如塑料环、木块,让他们尝试将玩具堆叠在一起或拆开,锻炼他们的手眼协调能力。

在进行这些训练时,要给予宝宝足够的时间和空间,尊重他们的兴趣和节奏。同时,要与宝宝互动,给予他们积极的反馈,如赞赏、鼓励,帮助他们建立自信心,增强训练的动力。记住,每个宝宝的发展进程不同,不要过于追求结果,重要的是为他们提供良好的学习环境和支持。

(二)大动作训练

5个月宝宝正处于发展阶段,开始探索自己身体的能力和周围环境。以下是一些适合5个月宝宝的大动作训练。

俯卧抬头　让宝宝趴在照护者腹部,鼓励宝宝抬起头部和上半身,以锻炼宝宝的颈部和背部肌肉力量。

翻身　在宝宝仰卧时,引导他们向一侧滚动,锻炼他们的侧肌和平衡能力。

坐起　用手支撑宝宝的背部和脖子,让他们尝试坐起来,以加强核心肌肉力量和平衡能力。可以使用坐垫或婴儿座椅为宝宝提供支持。

扑腾　将宝宝放置在安全的地方,让他们自由地扑腾。这有助于锻炼他们的四肢肌肉和协调能力。

摇摆　宝宝喜欢摇晃的感觉。可以给他们提供适合月龄的摇椅或秋千,让他们尝试摇晃身体。

俯卧撑　准备一条浴巾,让宝宝趴在床上,将浴巾缠绕到宝宝的腹部,进行手臂和腿部的练习。手臂练习:向上提拉浴巾,让宝宝用手支撑床面,可以倾斜到一侧。腿部练习:向宝宝后方提拉浴巾,让宝宝自主蹬腿,锻炼宝宝的腿部力量。

站立　抓住宝宝的腰部,让宝宝呈站立姿势接触地面。这个月龄的宝宝还不能独自站立,这项训练只锻炼宝宝的腿部力量。如果宝宝腿部弯曲或者对抗,都是正常的。

前翻滚　最好是两人操作,在床上辅助宝宝做前翻滚的训练。

以上活动都应在安全的环境中进行,要确保宝宝有足够的自由度和支撑。与宝宝互动,给宝宝鼓励,让他们有成就感。同时,要注意宝宝的体力和兴趣,不要过度刺激或超负荷训练,要尊重宝宝的训练节奏和发展进程。

(三)社会认知能力训练

5个月宝宝正处于社会认知的关键阶段,对周围的人和环境产生更浓厚的兴趣,并且能够与他人进行更多的互动。以下是一些适合5个月宝宝的社会认知能力训练。

面部表情模仿　和宝宝面对面互动,用多种表情和声音与他们交流。你可以摆出大笑、惊讶、悲伤等表情,看看宝宝是否会模仿你的表情。

视线追踪　将宝宝放在安全的地方,用一个有吸引力的玩具或其他物品引起宝宝的注意,然后将玩具从宝宝的一侧移动到另一侧,观察宝宝的视线是否会追随移动的物体。

名字反应　呼唤宝宝的名字,观察宝宝是否对自己的名字有反应,比如转头、微笑或出声回应。

社交游戏　玩一些简单的社交游戏,如捉迷藏或击掌。这些游戏可以帮助宝宝学习与他人互动或合作,培养宝宝的社交技能。

镜子游戏　让宝宝面对镜子,观察自己。你可以与宝宝一起做一些有趣的表情,看看宝宝是否能够理解镜子中的自己。

人际互动　和宝宝亲密接触,如拥抱、亲吻、抚摸。通过这些互动,宝宝能够感受到爱和关怀,与家人建立紧密的情感联系。

这些训练旨在帮助宝宝发展社会认知能力,如情感表达和互动技巧。在进行这些训练时,要与宝宝保持愉快的互动,并给予宝宝充分的关注和赞赏。可以逐步增加训练复杂度和挑战性,以适应宝宝的发展需求。记住,每个宝宝的发展速度和兴趣有所不同,应尊重他们的个体差异,并以宝宝的舒适度和兴趣为依据进行训练。

(四)嗅觉训练

让宝宝闻多种食物,只要是没有刺激性气味的食物都可以。这也是让宝宝接受辅食添加的好方法。

(五)语言能力训练

5个月宝宝正处于语言发展的早期阶段。虽然此时宝宝还不会说话,但是可以通过一些方法来培养宝宝的语言能力。以下是一些适合5个月宝宝的语言能力训练。

与宝宝交流　与宝宝进行亲密的面对面互动,使用温柔的声音与他们交谈,重复一些简单的音节和词语,如"咯咯""宝宝",让宝宝开始熟悉语言的声音和节奏。

词语配图　选择一些简单的图片,如水果、动物的图片,一边给宝宝展示图片,一边重复词语,如指着一张苹果的图片反复说"苹果",让宝宝建立词语与图片之间的联系。

唱歌　唱一些简单的儿歌给宝宝听。重复一些简单的歌词和音调,帮助宝宝感知语言的音调和韵律。

阅读软质书　给宝宝看一些适合他们月龄的软质书,指着书上的图画,用简单的语言给宝宝描述图上的内容,并让宝宝注意你的口型和发音。

语音模仿　故意制造一些有趣的声音,如咕咕声、哗哗声,看看宝宝是否能模仿你的声音。鼓励宝宝尝试发出类似的声音,并给予赞赏。

回应宝宝的声音　当宝宝发出声音时,及时用语言回应他们的声音,或者模仿他们的声音,让他们感受到语言交流的乐趣。

这些训练旨在刺激宝宝的语言感知和表达能力。重要的是给予宝宝足够的关注和赞赏,鼓励他们尝试用声音或语言表达自己。记住,每个宝宝的语言发展进程不同,不要强迫他们,要尊重他们的个体差异,以轻松和愉快的方式进行语言能力训练。宝宝在这个月龄处于拼音敏感期,要多与宝宝说话,增加他们的单词获取量,培养他们讲话的意识。

二 6个月宝宝如何早教

6个月宝宝通常需要添加辅食,可借机进行早教。

(一)味觉训练

6个月宝宝的味觉训练可以从以下几个方面进行。

引入多样化的食物　逐渐引入多种食物作为宝宝的辅食,如蔬菜、水果、谷物、肉类,让宝宝接触不同的味道和口感。

单一食物尝试　为了让宝宝更好地感知每种食物的特点,可以选择单一的食物让宝宝尝试。例如,给宝宝单独尝试蔬菜泥、水果泥或肉泥。

尝试不同的质地　逐渐引入具有不同质地的食物,如软糊状、细碎状和柔软的块状食物,让宝宝感受不同的口感。

在进行味觉训练时,要有耐心和保持放松的态度,给宝宝足够的时间来适应新食物。每个宝宝的喜好和进食节奏都不同,所以要尊重宝宝的个体差异。要确保所使用的食材新鲜。训练过程中,要鼓励宝宝自己动手抓取食物,促进他们的手眼协调能力和咀嚼能力的发展。还要注意观察宝宝的反应,如果宝宝对某种食物表现出拒绝、厌恶或过敏的症状,应立即停止训练,必要时咨询医生的建议。

(二)大动作训练

6个月宝宝的大动作训练主要是为了促进宝宝肌肉力量、平衡能力和身体协调性的发展。以下是一些适合6个月宝宝的大动作训练。

俯卧抬头　让宝宝趴在照护者腹部,鼓励宝宝抬起头部和上半身,以锻炼宝宝的颈部和背部肌肉力量。

翻身　让宝宝侧卧,鼓励宝宝向一侧翻身,以锻炼宝宝的侧肌和平衡能力。

坐　支撑宝宝的身体,让宝宝坐起来。开始时可以用垫子或抱枕支撑,之后逐渐减少支撑,让宝宝自己保持坐姿。

爬行　给宝宝提供足够的空间,鼓励宝宝在平坦的地面上爬行。可以使用玩具或其他有趣的物品吸引宝宝前进。

转身　让宝宝躺平,鼓励宝宝旋转身体。这可以锻炼宝宝的躯干肌肉和身体协调性。

抓取和放置　给宝宝提供不同形状和质地的玩具,鼓励宝宝用手抓取并放置玩具。这可以促进宝宝的手眼协调能力和手部肌肉的发展。

踢腿　宝宝躺平时,鼓励宝宝踢动双腿。这可以加强宝宝的腿部肌肉力量,为宝宝日后学步做准备。

环抱　让宝宝双腿分开,面对面坐在照护者腰部。环抱宝宝左右转动、上下移动。

在进行大动作训练时,要确保宝宝的安全,并在宝宝的能力范围内进行适度挑战。同时,注意鼓励和互动,让宝宝在游戏和探索中享受学习和成长的过程。

(三)精细动作训练

6个月宝宝开始展现出更多的精细动作。这一阶段,宝宝精细动作训练的目标是可以熟练地左右手递送玩具。以下是一些适合6个月宝宝的精细动作训练。

抓握 给宝宝提供适合他们手掌大小的玩具,鼓励宝宝抓取、握住玩具。可以使用质地不同、易于抓握的玩具,如柔软的布娃娃或带有手柄的玩具。

手指探索 鼓励宝宝用手指触摸探索周围的物体。可以给他们提供质地不同的材料,如羽毛、绒布、纸张,让他们感受不同的触感。

塞插 给宝宝提供适合塞插的玩具,鼓励他们将玩具插入相应的孔或堆叠成塔,以培养手眼协调能力。

翻书 选择适合宝宝的绘本或布书,鼓励他们翻开书页并尝试抓取书中的插图。这有助于发展手指的灵活性和手眼协调能力。

按压 给宝宝提供可按压的玩具,如发声玩具、软质球,鼓励他们用手按压玩具并探索玩具的特性。

抓取食物 为宝宝提供适合抓握的食物,如熟软的蔬菜、水果块,鼓励他们用手抓取食物并送到嘴中。

刮刷 给宝宝提供安全的刷子或刷毛玩具,鼓励他们用手握住刷子或刷毛玩具并刮刷不同的表面,如纸张、织物、硬质物体。这可以锻炼手指的灵活性和手部肌肉控制能力。

注意要为宝宝提供安全的、适合月龄的玩具和材料,并在他们的能力范围内提供适度的挑战。同时,多鼓励宝宝,多与宝宝互动,给予宝宝充足的时间和空间去探索和学习。

(四)触觉训练

6个月宝宝正处于探索环境和发展手眼协调能力的重要阶段。扔东西是宝宝在这一阶段的常见行为之一。这种行为表明宝宝对物体的运动和力量有了一定的认识,并试图通过扔东西的方式来观察和学习。

当宝宝扔东西时,应当理解宝宝的这种行为并正确应对,以下是一些建议。

观察宝宝的意图　观察宝宝扔东西时的表情和动作,以了解他们的意图。有时宝宝只是对物体或物体的运动感兴趣,而并非有意丢弃或制造混乱。

提供安全的玩具和活动区域　给宝宝提供适合扔的玩具,如软质球等轻巧的玩具,确保玩具没有尖锐的边缘或可能对宝宝造成伤害的部件。同时,给宝宝设置安全的活动区域,以防止宝宝扔东西时引发危险。

保持耐心和理解　应当理解宝宝扔东西是他们发展的需要,不要过分限制或斥责他们的行为。要保持耐心,给予宝宝适当的指导,让他们逐渐明白哪些物体适合扔,哪些不适合扔。

给予适度的关注和反馈　当宝宝扔东西时,给予适度的关注和反馈,例如,可以赞扬宝宝的行为或描述他们扔的物体,这样可以增强宝宝的兴趣和积极性,并促使他们参与互动。

建立规矩和界限　尽管要对宝宝扔东西的行为保持理解和耐心,但也要为宝宝建立一些规矩和界限。例如,可以教宝宝将玩具放回指定的位置,而不是扔掉后就不管了。通过逐步引导和重复的练习,帮助宝宝理解并遵守这些规则。

记住,宝宝的发展是逐步的,他们通过不断探索和学习来发展各种技能。在引导宝宝的同时,要给予他们充分的自由和支持,以促进他们能力的发展。

(五)听觉训练

听觉训练除了可以重复之前的相关训练内容之外,还可以在宝宝洗澡时用玩具拍打水面发出声音,或者给宝宝玩带有声音的玩具,让宝宝接受不同的听觉刺激。

三
7个月宝宝
如何早教

（一）大动作训练

7 个月宝宝的早教特别要重视大动作训练。7 个月宝宝可能已经具备较好的身体控制和平衡能力。以下是一些适合 7 个月宝宝的大动作训练。

爬行　爬行训练是 7 个月宝宝大动作训练的重点。给宝宝提供安全的环境,在地板上铺设柔软的垫子或毯子,鼓励宝宝自由爬行。可以将一些有趣的玩具放在宝宝前方,吸引宝宝前进。

翻身　鼓励宝宝从仰卧位翻身到俯卧位,再从俯卧位翻身到仰卧位。可以在宝宝的身侧放置一些有趣的玩具,以激发他们翻身的兴趣和动力。

坐　支撑宝宝的背部和颈部,让他们坐起来。可以使用坐垫或抱枕来提供支撑。给宝宝提供他们感兴趣的玩具,以促进他们坐着玩耍。可以让宝宝左右手交替摆动,模仿划船的动作。

站立　在安全的环境下,让宝宝尝试站立。可以扶着宝宝的手臂或使用适当的辅助工具,如站立辅助器。这有助于锻炼宝宝的腿部肌肉和平衡能力。

探索环境　给宝宝提供安全的探索环境,让他们自由地爬行、站立等等。提供一些适合宝宝月龄的玩具和材料,鼓励他们探索不同的纹理、形状和大小。

互动游戏　和宝宝一起玩互动游戏,如躲猫猫、追逐球等。这样的游戏可以促进宝宝的运动能力发展。

进行大动作训练时,重要的是要为宝宝提供安全的环境,时刻监督他们的活动。鼓励宝宝自主探索,同时给予宝宝适当的鼓励。每个宝宝的发展速度和能力都是不同的,要尊重他们的个体差异,以宝宝的兴趣和能力为依据进行训练。

（二）精细动作训练

7个月宝宝的手眼协调能力和精细动作能力会有所提高。有的宝宝喜欢撕纸,照护者不需要干预。以下是一些适合7个月宝宝的精细动作训练。

抓取 给宝宝提供大小、形状和质地不同的玩具,鼓励他们抓取。可以使用轻巧的玩具、塑料链或布块,激发宝宝抓握。

堆叠 给宝宝提供适合月龄的堆叠玩具,如塑料环、木块或软质积木,鼓励宝宝将玩具一个一个地堆叠起来,培养他们的手指灵活性和手眼协调能力。

转动 给宝宝提供一些可旋转的玩具,如转盘、旋转球或旋转木马,鼓励宝宝用手指轻轻转动这些玩具,锻炼手部肌肉和手指灵活性。

拨动乐器 给宝宝一些易操作的简单乐器,如手摇铃、小鼓或玩具钢琴,鼓励宝宝用手指拨动或敲击乐器,体验节奏的乐趣,同时培养手指的灵活性。

握笔 给宝宝提供一支安全的涂鸦笔或蜡笔,鼓励他们握住笔在纸上涂鸦。宝宝可能只是乱涂乱画,但这有助于锻炼他们的手部肌肉和手眼协调能力。

翻书 给宝宝提供适合月龄的纸板书或绘本,鼓励他们翻动书页。可以选择一些有图案的彩色书,激发宝宝的兴趣,同时培养他们的手指灵活性,训练他们的注意力。

对撞 让宝宝左右手各拿一个玩具进行对撞。

在进行精细动作训练时,要给宝宝足够的时间和空间去探索和练习。创造一个安全的环境,确保玩具和材料没有尖锐的边缘或小零件,以防止意外发生。同时,给予宝宝鼓励和赞赏,让他们感受到成就感。

（三）社会认知能力训练

可以通过以下训练帮助7个月宝宝发展社会认知能力。

面对面互动 和宝宝进行面对面的互动,使用语言、表情和姿势与宝宝交流。模仿宝宝的声音和动作,让他们感受到互动的乐趣和亲密感。

视觉注意力 给宝宝展示多种图片或绘本,引导他们观察和识别不同的事物、颜色和形状,用手指向图像并命名,帮助宝宝建立语言和视觉的联系。

命名物品 在日常生活中,指出宝宝周围的物品并说出它们的名称,如家具、玩具、食物。这有助于宝宝理解语言和扩大词汇量。

玩具探索 给宝宝提供多种玩具,鼓励他们自主玩耍,观察宝宝如何与玩具互动。通过接触不同的形状、颜色和物品功能等,宝宝可以发展认知能力。

模仿动作 模仿宝宝的动作和声音,与宝宝进行互动。可以使用手语、拍手、拍桌子等简单的动作,让宝宝感受模仿和回应的乐趣。

社交活动 带宝宝参加适合他们的社交活动,如亲朋好友的聚会或儿童活动中心的互动游戏。这样的社交活动可以让宝宝与其他儿童接触,学习与他人分享、合作和交流。

面部表情 教宝宝识别不同的面部表情,如开心、生气、惊讶等。照护者可以用自己的面部表情和肢体语言来示范,并用简单的语言描述不同的表情。

在进行社会认知能力训练时,要给予宝宝足够的关注和积极的反馈,让他们感到被理解和接纳。同时,要尊重宝宝的个体差异,根据他们的兴趣和能力进行个性化的训练,逐步提高训练的难度和复杂度。

四
8 个月宝宝
如何早教

(一)大动作训练

8 个月宝宝的大动作能力得到了一定程度的发展,可能已经掌握了坐立、爬行的能力。以下是一些适合 8 个月宝宝的大动作训练。

爬行 提供安全的环境,鼓励宝宝爬行。可以放置一些有趣的玩具或者设置一些其他目标,让宝宝爬行到目标处。这有助于锻炼宝宝的肌肉力量和协调能力。

抓取 提供不同形状和大小的玩具,鼓励宝宝用手指和手掌来抓取和握持玩具。可以选择一些颜色鲜艳、易握持的玩具,以吸引宝宝的注意力。

球类运动　给宝宝提供柔软的球类玩具,鼓励他们用手抓取并抛掷。这有助于锻炼宝宝的手眼协调能力和肌肉力量。

趴爬挪移　将宝宝的玩具放置在一段距离外,鼓励宝宝趴爬或挪移身体够到玩具。这有助于宝宝锻炼身体的协调性和空间意识。

大动作训练,重要的是为宝宝提供安全的环境和适当的支持,确保他们在训练中不受伤。同时,鼓励宝宝自主探索和尝试。在宝宝可以独立站和走之前一定要爬够 500 小时,这也有利于宝宝的前庭觉发展。

(二)精细动作训练

8 个月宝宝的精细动作能力有所提高,他们会尝试做更精细的手指活动。以下是一些适合 8 个月宝宝的精细动作训练。

抓握　给宝宝提供各种不同形状和大小的玩具,鼓励他们用手来抓握玩具。可以选择一些小型的、易握持的玩具,如塑料链(环)、柔软的毛绒玩具。

堆叠　提供具有堆叠功能的玩具,如木块、塑料杯子,让宝宝尝试堆叠和拆卸。这有助于宝宝锻炼手眼协调能力和精细动作控制能力。

拼图　给宝宝提供拼图类玩具,如大头针插插板、插管玩具,让他们将零件插入相应的孔。这有助于宝宝练习手指的精细动作和锻炼手眼协调能力。

拧拧转转　给宝宝提供旋转式的玩具,如旋钮玩具或转盘玩具,鼓励他们拧或旋转,锻炼手指的灵活性和精细动作。

涂鸦　给宝宝提供适合婴儿使用的无毒、易洗涤的水彩笔或蜡笔,让他们在纸上进行简单的涂鸦。这有助于宝宝锻炼手部肌肉控制能力和手眼协调能力。

翻书　给宝宝提供适合婴儿阅读的厚纸板书,让他们尝试翻动书页。这有助于宝宝练习手指的精细动作和锻炼手眼协调能力。

食物探索　给宝宝提供一些安全、易咀嚼的食物,如面包块、煮熟的蔬菜或水果片,让他们自己抓取。这有助于宝宝发展精细动作控制能力和口腔肌肉控制能力。

够物　准备一个盒子,里面装有玩具,鼓励宝宝自己动手将盒子里的玩具拿出来,再放进去。还可以让宝宝抓橡皮泥、到海边抓沙子等等。

注意鼓励宝宝自主探索,提供适当的支持,同时要定期检查玩具的安全性,确保宝宝在训练中的安全。

(三)感觉统合训练

感觉统合方面,8个月宝宝可以做这样的训练:拿毛绒玩具等在宝宝身体上滚动,或者用被子搭建一个斜坡,让宝宝自己从被子斜坡上滚下来。这些训练都利于宝宝前庭的发育,促进感觉统合。

受口欲期和出牙期的影响,这个阶段的宝宝喜欢咬东西,喜欢把东西放到嘴巴里。照护者不必阻止,只需要做好清洁,给宝宝准备他们感兴趣的东西磨牙就可以了。

五
9个月宝宝
如何早教

(一)前庭觉的训练

9个月宝宝可以通过以下方式进行前庭觉训练。

长时间的爬行 鼓励宝宝进行较长时间的爬行。可以在地板上放置一些有趣的玩具或设立一个迷宫,激励宝宝爬行并接受各种平衡和空间定位的挑战。

旋转和摇晃 轻轻地旋转宝宝或将他们放在摇椅、秋千上摇晃。在进行这些活动时要保证宝宝的安全和舒适度。

上下坡 在安全的环境中,为宝宝提供一些上下坡的体验。可以使用婴儿滑梯或儿童乐园中的坡道,让宝宝爬上爬下,体验身体的平衡和重力变化。

跳跃 如果宝宝已经具备一定的身体控制能力,可以让他们尝试跳跃或在蹦床上玩耍。这些活动可以锻炼宝宝的前庭觉和平衡能力。

摸索和触碰　提供不同质地和形状的物品供宝宝触碰和摸索,如绒毛、绳子、海绵。这样的触觉刺激也可以促进宝宝对身体位置和运动的感知。

骑马游戏　让宝宝坐在父母的腿上,父母抖腿帮助宝宝模拟骑马。

在进行前庭觉训练时,要确保宝宝的安全,并根据他们的兴趣和能力设置适度的挑战。多与宝宝互动,鼓励他们积极参与活动,并提供适当的支持和引导。

(二)大动作训练

9个月宝宝的大动作能力和身体控制能力会继续提升。他们会开始尝试爬行、站立,甚至尝试走几步。以下是一些适合9个月宝宝的大动作训练。

爬行　为宝宝提供安全、宽敞的空间,鼓励他们自由爬行。可以用一些有趣的玩具或其他目标物品激励他们前进。

站立　给宝宝提供稳固的支撑物,如沙发、婴儿床,让他们尝试站立。可以用玩具等物品吸引宝宝的注意力,激励他们保持站立的姿势。

拍手　鼓励宝宝拍手。可以在宝宝对面拍手,鼓励宝宝模仿。这有助于宝宝练习手臂和手指的协调动作。

拾取　将一些小型玩具或其他物品放在宝宝能够触及的地方,鼓励他们用手指捡起物品。可以使用一些轻巧、易握持的物品进行练习。

辅助步行　如果宝宝已经开始尝试站立和行走,可以给他们提供适合的步行辅助器材,如推车、行走助力器。这可以锻炼宝宝练习站立和行走的平衡能力。

趴爬　可以在地板上放置一些有趣的玩具,激励宝宝趴爬去抓取。还可以把宝宝放在一条浴巾里面,拖住浴巾的一边,拖行宝宝。这有助于锻炼宝宝躯干和四肢的力量以及运动协调能力。

球类游戏　给宝宝提供适合手持的小型球,鼓励他们抓取、滚动或扔掷球。这有助于发展宝宝的手眼协调能力和手指灵活性。

注意提供安全的环境和适当的监督,鼓励宝宝自主探索和尝试新的运动。每个宝宝的发展进度不同,所以要根据宝宝的兴趣和能力来选择适合的活动。始终与宝宝保持互动,给他们鼓励和赞扬。

（三）精细动作训练

9个月宝宝的手眼协调能力和精细动作能力会有所发展。以下是一些适合9个月宝宝的精细动作训练。

抓握和放置 给宝宝提供不同大小、适合抓握的玩具,如木块、塑料球或拼图块。鼓励宝宝抓握物品,并将它们放置在合适的位置。可以在一次性纸杯上抠出几个小洞,让宝宝用手指去抠。

堆叠和拆卸 给宝宝提供可堆叠的玩具,如塑料杯、木块或环,引导宝宝将它们一个一个地叠放起来,并鼓励他们拆卸和重新堆叠。

抓取 将小的物品如小玩具、纸团,放在宝宝能够触及的地方,如桌子上或地板上,鼓励宝宝用拇指和食指抓取物品。

翻书 给宝宝提供适合他们月龄的纸板书或纸质书,鼓励他们翻动书页。可以选择有丰富图案和色彩的书,增强宝宝的兴趣。

握笔 给宝宝提供大型的、易握的水彩笔或蜡笔,让他们在纸上涂鸦。这有助于宝宝锻炼手指的灵活性和握持能力。

拼图 选择适合宝宝月龄的简单拼图,鼓励他们将拼图块放入正确的位置。开始时可以选择只有几个大块的拼图,之后逐渐增加难度。

拧瓶盖 给宝宝准备塑料瓶子,让宝宝拧瓶盖。

在进行精细动作训练时,要给予宝宝足够的时间和空间去尝试和探索。使用适合他们月龄的玩具和材料,并与宝宝互动,肯定他们的努力和进步。同时,确保环境安全,避免给宝宝过小的或有潜在危险的物品。

第九个月里,举着宝宝进行俯冲训练(就像飞机俯冲的动作),观察宝宝的手和脚。若宝宝的手和脚呈打开的状态,就是正常的;若手和脚没有完全打开,需要重复第八个月的训练。

六
10个月宝宝
如何早教

10个月宝宝可以扶站,并且慢慢学会开口讲话。

(一)大动作训练

这一阶段的宝宝喜欢扔东西,捡起来给他们,他们会再扔掉。这是正常现象。宝宝的大动作能力和身体控制能力会进一步发展。以下是一些适合10个月宝宝的大动作训练。

爬行、扶站　给宝宝提供安全的空间,鼓励他们进行爬行、扶站练习。可以放置一些有趣的玩具或让宝宝追逐照护者的手指,激发他们的兴趣和动力。

行走　如果宝宝已经能独立迈步,可以给他们提供稳定的支撑物,如儿童推车、儿童家具,让宝宝尝试自己行走。在室内地板上铺上软垫子,可以提供保护。

爬上爬下　设置适合宝宝身高的儿童家具,鼓励他们爬上爬下。这可以帮助宝宝锻炼身体的协调性和平衡感。

投掷、接住　给宝宝提供轻巧的球或气球,鼓励他们进行投掷和接住的练习。开始时,照护者可以站在宝宝面前,帮助他们接住球,之后逐渐减少帮助,让宝宝锻炼自己的能力。

跨越障碍物　使用儿童家具、垫子或其他简单的障碍物,让宝宝跨越。这有助于发展宝宝的腿部力量和平衡能力。

拍手、拍掌　鼓励宝宝拍手或拍掌。这可以帮助他们发展手部协调性。

在进行大动作训练时,要确保宝宝的安全,并为他们提供足够的空间和机会去探索。与宝宝互动,肯定他们的努力,让他们以积极的心态参与活动。

（二）精细动作训练

以下是一些适合 10 个月宝宝的精细动作训练。

抓取和放置　给宝宝提供多种大小适中的玩具或物品,鼓励他们用手抓取和放置。可以使用塑料杯、积木、玩具球等,让宝宝尝试不同的抓取方式。

堆叠和拼插　提供适合宝宝月龄的堆叠玩具或拼插玩具,让宝宝练习将不同的部件叠放在一起或插入相应的孔。这有助于发展宝宝的手眼协调能力和空间认知能力。

按钮和开关　给宝宝提供带有按钮或开关的玩具,让他们按下按钮或扭动开关来启动声音或动作。这可以帮助宝宝练习手指的精细控制,锻炼手指力量。

翻书　给宝宝提供适合他们月龄的绘本,鼓励他们翻动书页并指出相应图画。这有助于培养宝宝对书本和文字的兴趣,同时也能锻炼宝宝手指的灵活性和手眼协调能力。

握笔　给宝宝提供安全的水彩笔或蜡笔,让他们握住笔在纸上涂鸦。这有助于发展宝宝的手部肌肉力量和握笔能力。

破解游戏　给宝宝提供适合他们月龄的破解游戏,如拼图、形状分类器,让宝宝将不同形状的零件放入相应的位置或将物品分类。这可以锻炼宝宝的手眼协调能力和问题解决能力。

玻璃杯游戏　准备一个透明的玻璃杯、一个小球,用玻璃杯反扣住小球,引导宝宝拿开玻璃杯,取出小球。

（三）前庭觉训练

以下是一些适合 10 个月宝宝的前庭觉训练。

爬过障碍　设置一些低矮的障碍物,如垫子、枕头,鼓励宝宝爬行穿越障碍物。这有助于发展宝宝的平衡能力和空间感知能力。

行走　给宝宝提供稳固的支持,如婴儿步行车或家具辅助,鼓励宝宝站立和行走,逐渐提高他们的平衡能力。

投掷和接住　玩球可以帮助宝宝发展手眼协调能力和空间感知能力。开始时,可以使用大而轻的球,让宝宝尝试抓住和扔出球,然后逐渐过渡到小一些的球。

摇摆和旋转 提供适合宝宝月龄的摇摆椅或摇摇马,让宝宝体验摇摆和旋转的感觉。竖抱宝宝旋转,模拟跳舞的动作。

跳跃 玩蹦床是锻炼宝宝平衡能力和前庭觉的好方法。鼓励宝宝尝试跳跃和在蹦床上做动作,注意提供适当的支持和保护。

(四)语言能力训练

10个月宝宝的语言能力开始迅速发展。以下是一些适合10个月宝宝的语言能力训练。

说话和唱歌 与宝宝进行频繁的语言交流,使用简单的词语和短语。重复并强调一些常用的词语,如"妈妈""爸爸""喝水"等。唱歌也是一种帮助宝宝熟悉不同语音和语调的方式。

读绘本和讲故事 给宝宝阅读适合他们月龄的绘本,指着图片并用简单的语言描述图片中的内容,让宝宝对语言和故事产生兴趣。可以选择有声读物,让宝宝听到不同的语音和语调。

使用手势动作 与宝宝一起使用手势动作来表达特定含义。例如,说"再见"时挥手;说"来"时招手示意宝宝过来。这有助于宝宝理解语言和动作之间的联系。

命名物品和动作 在日常生活中,指出并命名周围的物品和常见的动作。例如,当宝宝拿着杯子时,可以说"杯子";当宝宝走路时,可以说"走路"。这能帮助宝宝将语言与实际物体和动作联系起来。

回应宝宝的语言 鼓励宝宝发出不同的声音。当宝宝发出声音时,尽量给予积极的回应,模仿他们的声音并回答他们。这有助于宝宝理解语言交流和互动。

使用音乐和节奏 播放宝宝喜欢的音乐,和宝宝一起跳舞和拍手。音乐和节奏有助于宝宝感知和模仿不同的声音和语调。

在语言能力训练中,要与宝宝保持互动,给予他们足够的时间和耐心。每个宝宝的语言发展进程都不同,因此不必过分担心,要尊重宝宝的个体差异,鼓励他们按照自己的节奏发展语言能力。

七

11 个月宝宝
如何早教

11 个月的宝宝可以独立站，还可以捡东西。

（一）精细动作训练

11 个月宝宝的精细动作能力会进一步发展，他们开始尝试更复杂的手指和手掌动作。以下是一些适合 11 个月宝宝的精细动作训练。

握持和放置　给宝宝提供适合他们手掌大小的玩具，鼓励他们用手握住和放置玩具。这可以帮助他们锻炼手指的灵活性和手眼协调能力。

切割纸张　给宝宝安全的剪刀和一些颜色鲜艳的纸张，教他们如何握住剪刀并进行简单的剪纸动作。要注意监督宝宝的剪纸过程，确保宝宝的安全。

塑料瓶装填　给宝宝一些干净的空塑料瓶和小物品，如米粒、彩色纸片，鼓励他们将小物品一个个地放到瓶中。这可以锻炼宝宝的手指灵活性和手眼协调能力。

搭积木　给宝宝一些适合月龄的积木，鼓励他们用不同的方式搭积木，如搭楼房、搭桥。这可以培养宝宝的空间感知能力和手指灵活性。

手指绘画　给宝宝一些无毒、可水洗的颜料，让他们用手指蘸颜料在纸上绘画。这有助于锻炼宝宝手指的精细动作和手眼协调能力。

饮杯训练　引导宝宝用杯子喝水。选择适合宝宝手掌大小的小杯子，教他们握住杯子，将杯子放到嘴边喝水。

系扣子　给宝宝一些有大扣子的衣物，鼓励他们系扣子。这有助于培养他们的手指灵活性和手眼协调能力。

（二）本体觉训练

11 个月宝宝的本体觉处于发展阶段。以下是一些适合 11 个月宝宝的本体觉训练。

探索身体部位　帮助宝宝认识自己的身体部位,指着宝宝的头、手、脚等部位,并用简单的语言描述。例如,说"这是你的头""这是你的手"。可以用手轻轻触摸宝宝的身体部位,让他们感受到触觉刺激。

自由爬行和行走　为宝宝提供足够的空间,让他们自由爬行和行走。这有助于宝宝发展平衡能力和身体协调能力。

倒立和翻滚　帮助宝宝进行倒立和翻滚的练习。可以在垫子上或床上扶着宝宝的身体,让他们尝试头朝下或身体翻滚的动作。这有助于宝宝对身体位置和动作的感知。

堆叠和搭建　给宝宝提供一些适合他们月龄的堆叠玩具,如积木、塑料杯,鼓励他们进行堆叠和搭建。这可以锻炼宝宝的手眼协调能力和本体觉。

上下楼梯　教给宝宝上下楼梯的技巧。要确保宝宝的安全。这可以让宝宝感知身体的力量和锻炼平衡能力。

身体游戏　与宝宝进行一些身体接触的游戏,如拥抱、捉迷藏。这有助于宝宝感知自己的身体和与他人的互动。

要给予宝宝足够的机会去探索和运动,并提供保护和支持。与宝宝一起玩耍和互动,鼓励他们发展身体感知能力和协调能力。记住,每个宝宝的发展进程都不同,尊重他们的个体差异,以他们的兴趣和能力为依据进行训练。

（三）语言能力训练

11 个月宝宝的语言能力正在迅速发展,他们能够理解更多的词语和语言表达方式。以下是一些适合 11 个月宝宝的语言能力训练。

对话　与宝宝进行频繁的简单对话。使用简单的词语和短语与他们交流,如问候语、宝宝的名字、常见物体的名称。重复使用词语可以帮助宝宝增强对词语的理解。提出问题并等待宝宝的回应,响应宝宝的声音。这有助于培养宝宝的语言理解和表达能力。

阅读　与宝宝一起阅读。选择适合他们月龄的书,要有图片和简单的故事情节。指着图片并说出与之相关的单词,让宝宝通过视觉和听觉的联结来学习语言。

　　唱歌　与宝宝一起听儿歌和唱歌。选择简单的儿歌,重复唱出歌词,并用手势等动作来增强互动性。这有助于宝宝学习新的词语和语音模式。

　　名词游戏　通过玩具或图片,教给宝宝一些常见物体的名称。指着物体并清晰地说出名称,鼓励宝宝模仿说出这些词。

　　语音模仿　引导宝宝模仿一些简单的语音,如咿呀声、笑声、动物叫声、车辆喇叭声。

　　要与宝宝保持频繁的语言互动,给予他们足够的时间和空间来表达自己。使用简单、清晰的语言,并重复关键词语和短语,以帮助宝宝建立语言联系。同时,要尊重宝宝的个体差异和发展节奏,给予他们积极的反馈,以促进他们的语言发展。

八
12个月宝宝
如何早教

12个月宝宝可以自己站立。

(一)本体觉训练

12个月宝宝正处于本体觉发展的关键阶段。以下是一些适合12个月宝宝的本体觉训练。

　　探索环境　给宝宝提供安全的环境,让他们自由爬行、行走和探索。宝宝通过各种姿势和动作来感知自己的身体和空间,同时也锻炼肌肉力量和平衡能力。

　　奔跑和跳跃　鼓励宝宝在安全的场所尝试奔跑和跳跃的动作。这些活动可以帮助宝宝发展迅速运动的技能和空间感知能力。

身体姿势游戏 玩一些身体姿势游戏,如做鬼脸、模仿动物的姿势。这可以帮助宝宝感知和掌握不同的身体姿势,同时增强他们的动作协调性。

手脚协调练习 鼓励宝宝做手脚协调的动作,如拍手、用脚踢球。这些活动可以提高宝宝的身体协调和控制能力。

爬过障碍 在室内设置一些简单的障碍,如小坡道、垫子堆,让宝宝爬过障碍。这有助于宝宝发展躯干的稳定性和身体的协调性。

手指操控 给宝宝提供一些适合他们月龄的拼插玩具,如积木、拼图,让他们练习手指操控。这有助于发展宝宝手指的灵活性和精细动作能力。

跳跃床 如果条件允许,可以给宝宝提供一个安全的跳跃床,让宝宝在跳跃床上跳。这可以锻炼他们的平衡能力和身体协调能力。

通过这些本体觉训练活动,宝宝能更好地感知和控制自己的身体,提高运动技能和空间感知能力。在训练中,要给予宝宝足够的时间和机会进行自由探索和动作练习。

(二)社会认知能力训练

12个月宝宝正处于社会认知能力发展的关键阶段,他们更加注重与周围的人和环境互动,对社会规则和情绪有了更深入的理解。以下是一些适合12个月宝宝的社会认知能力训练。

玩耍互动 与宝宝一起玩耍,使用简单的玩具,如积木、玩偶。注意与宝宝互动,鼓励他们模仿和回应你的动作和表情。

社交游戏 与宝宝做一些社交游戏,如捉迷藏、拍手、拥抱。这些游戏可以帮助宝宝理解社交规则和互动方式,培养他们的社交能力。

模仿行为 模仿宝宝的动作和表情,鼓励他们模仿你的动作和表情。这有助于发展宝宝的认知能力和情绪表达能力。

情绪理解 与宝宝分享情绪和表达情感。通过面部表情、声音和肢体语言,让宝宝学会理解不同的情绪,如开心、难过、生气,并逐渐学会表达自己的情感。

分享体验 与宝宝一起体验多种活动,如阅读、观看图片、参观公园。通过共同的体验,帮助宝宝建立与他人的联系。

角色扮演　通过角色扮演游戏,让宝宝模仿不同的社交角色,如医生、老师、爸爸、妈妈等。这可以培养宝宝的想象力和角色认知能力。

情绪共鸣　当宝宝有情绪时,给予他们理解和支持。鼓励宝宝分享自己的感受,并通过肢体接触和声音传递安慰和安全感。

通过这些社会认知能力训练,宝宝能够更好地理解社交规则、表达情感,建立与他人的联系。要给予宝宝关注、鼓励和支持,与他们建立良好的亲子关系,并提供安全、温暖的社交环境。

第八章 | 母婴护理 76 问

知不知,上;不知知,病。夫唯病病,是以不病。圣人不病,以其病病,是以不病。

——《道德经》第七十一章

释义/

  《道德经》的这一章主要探讨人们对问题的认识和应对方式。其中,"知不知,上;不知知,病"阐明人们对问题的认识和了解程度不同,而对问题认识不足的人容易遭受困扰。

  只有真正认识到自己的无知,才能避免陷入问题的困境。在面对问题时,应该保持谦逊和谨慎的态度,以免因自以为是而犯错误。

  圣人知道自己的无知,能够审慎地面对问题,因而不会陷入问题的困境。通过正视问题,并采取适当的行动,圣人能够避免困扰。

  这一章的核心思想是告诉人们要谦虚地面对问题,认识到自己的有限和无知。只有正确认识问题,采取适当的行动,才能够避免问题带来的困扰。

1. 早产儿纠正月龄的方法是什么?

早产儿指的是孕期不足 37 周出生的婴儿。早产儿的出生体重和身高一般较低,肺部和神经系统的发育还不完全,需要额外的医学护理。早产儿的生存率和健康状况取决于出生时的周龄和许多其他因素。早产儿按照出生时的周龄分为以下几类:极早产儿,<28 周;重度早产儿,28 ～<32 周;中度早产儿,32 ～<34 周;轻度早产儿,34 ～<37 周。需要注意的是,早产儿并非生理上不发达或有缺陷,只是因为出生时未能完全发育成熟而需要特别的关注和照顾。

照顾早产儿一定要纠正月龄。纠正月龄的方法:用 40 减去宝宝的出生时周数,得出的数字就是要纠正的周数。如果一个宝宝 36 周出生,就用 40 减 36,那么需要纠正 4 周;如果一个宝宝 30 周出生,就用 40 减 30,那么需要纠正 10 周。宝宝出生后经过纠正的周数后,再按照足月儿的标准进行早教等活动。

假设一个宝宝 30 周出生,那么宝宝出生后再过 10 周,才相当于足月儿。10 周之内按照早产儿的标准照护;10 周之后按照足月儿的标准照护,宝宝的生长发育曲线和辅食添加、早教等活动,都需要从出生后 10 周开始算起。

2. 妈妈漏奶怎么办?

漏奶可能会对妈妈身体造成以下不良影响。

(1)皮肤炎症。如果经常漏奶,乳房周围的皮肤可能会潮湿、发红、瘙痒,导致皮肤炎症。

(2)乳房肿胀。漏奶会导致乳房内部乳汁积聚,引起乳房肿胀、疼痛等不适症状。

(3)乳头疼痛。由于漏奶,乳头可能会被乳汁浸湿,导致敏感、疼痛。

(4)感染。如果漏奶时间过长,乳汁可能会滞留在乳腺导管中,引起细菌感染,导致乳腺炎。

(5)营养流失。漏奶会导致乳汁流失,妈妈气血不足,同时,宝宝无法得到足够的母乳,营养状况受到影响。

因此,经常漏奶的妈妈应注意及时采取措施,如更换吸奶器、使用乳垫等,以减轻漏奶对身体的不良影响。还应该保持乳房卫生,注意乳头的清洁和护理,避免感染。宝宝在一次吃奶的过程中,把一侧乳房的乳汁"吃透"(喂奶前硬硬的,像脑门,喂奶后软软的,像嘴唇,说明吃透了),再吃另一侧。这样就能达到供需平衡,不会漏奶。

如果在哺乳前期,宝宝吮吸左边乳房时,右边乳房漏奶,怎么办?可以用集奶器。不要用吸奶器,吸奶器的负压会给乳房导管造成一定伤害,而且不利于达到供需平衡。但是,漏奶特别多的妈妈可以在非哺乳的时候使用吸奶器。

3. 宝宝张嘴睡觉怎么办?

宝宝张嘴睡觉是一种正常的现象。宝宝睡觉时张嘴有助于保持呼吸畅通。此外,宝宝还可以通过张嘴来调节体温,因为宝宝的汗腺尚未完全发育。要注意的是,观察宝宝张嘴睡觉时舌尖有没有抵住上颚。如果舌尖抵住上颚,这样睡就没关系,给宝宝调整一下姿势,避免宝宝打呼噜就可以;如果舌尖没有抵住上颚,说明宝宝的呼吸系统可能有问题,应当及时就医。

4. 宝宝斜颈怎么办?

斜颈,又称倾斜头、颈部扭曲,是婴幼儿常见的一种颈椎疾病,其表现详见第四章。如果发现宝宝有斜颈的表现,应该及时就医,并进行针对性的治疗。如果不及时治疗,可能会导致以下危害。

(1)损害颈部肌肉及颈椎。长期头部偏向一侧,会导致颈部肌肉及颈椎过度疲劳,引起颈椎病等疾病。

(2)异常颅形。宝宝的颅骨还在发育,若头部长期偏向一侧,会使颅骨向一侧变形,出现斜头、扁头等异常颅形。

(3)视力问题。斜颈可能会影响宝宝的视力,长期眼睛只看一边会导致视力不平衡、偏视等问题。

(4)运动发育受阻。斜颈会影响宝宝正常的头部转动和脊柱伸展,进而影响运动发育,可能导致肌肉萎缩等问题。

一定要及早发现斜颈的问题并干预。可以用以下方法测试:第一,看宝宝的鼻孔和肚脐是否在一条垂直线上;第二,看宝宝的两只耳朵是否在同一条水平线上;第三,看宝宝的两只眼睛是否在同一条水平线上;第四,摸一摸宝宝的颈部是否有凸出的结节;第五,看宝宝的头是否向一侧歪。如果发现宝宝有斜颈问题,可以通过推拿改善或就医。

5. 宝宝经常干呕是怎么回事?

宝宝干呕可能不是因为宝宝恶心。有时候没有呕吐物,宝宝也会做出呕吐动作或者有呕吐感觉。这种情况通常与食管肌肉功能不协调,食物不能顺利地通过食管进入胃部有关。大多数情况下,干呕不会对宝宝造成太大的影响,但如果干呕过于频繁或者持续时间过长,就需要引起重视并咨询医生。有时干呕也会伴随其他症状,比如胃肠道不适、腹泻、发热、嗜睡,有这些情况也需要及时就医。

空气中的尘埃也会导致宝宝干呕。家里应当开窗通风,保持湿度在 50%～60%,温度在 20 ℃～24 ℃。如果宝宝干呕,应检查环境条件是否适宜宝宝生活。

干呕也可能与拍嗝的方法有关。应采用"6 次手刀顺嗝法"(见本章第 15 问)拍嗝。

6. 宝宝肌张力高怎么办?

宝宝肌张力高的表现详见第四章。肌张力高的缓解方法如下。

如果是手部肌张力高,可以摸一摸宝宝的手背,按揉手的两侧,宝宝就会张开手。不要强行抠开宝宝的手。宝宝的手自然张开后,从宝宝每一根手指的根部向上捋顺、按揉。拇指内扣会影响宝宝的精细动作发育。

如果是胳膊和腿部肌张力高,可以为宝宝做肌肉按摩、伸直运动、被动操。

如果是后背肌张力高,要为宝宝做背部按摩。可以用揉面包手法按摩。脱去宝宝的上衣,在宝宝的后背抹少量抚触油,手呈空心掌从下向上按摩宝宝的后背,要避开脊柱区域,也可以用"手指走路"的方式按摩。

只要宝宝精神状态好,每天或者洗完澡后都可以进行这些动作。

7. 宝宝舌苔发白怎么办?

宝宝舌苔发白是正常现象,千万不要干预。宝宝的舌头上沾有母乳中的乳清蛋白或者配方奶中的酪蛋白,因此发白。如果用清理工具清理,会破坏宝宝口腔内的一些结构以及口腔菌群。

要注意的是,宝宝如果上颚或者牙龈发白,有可能是鹅口疮的症状,要及时就医。可以用以下方法做初步判断:用棉签擦一下发白的地方,如果能够擦掉,且擦掉后漏出的肉色偏红,与周围的肉色不一致,那么是鹅口疮的可能性就比较大。

8. 宝宝头睡偏了怎么办?

有的宝宝头睡偏了,或者睡成了大小脸,这种情况叫作扁头综合征。扁头综合征是宝宝长期睡觉或躺卧时头部受到外力的压迫而导致的头部变形。这种情况多发生在宝宝出生后的前几个月里,因为此时宝宝的颅骨较软,易于变形。扁头综合征会给宝宝带来一系列的问题:会影响美观,也会对宝宝的智力和心理发育产生影响,甚至导致慢性颅内高压等症状。预防和治疗扁头综合征的方法:改变睡眠姿势,多变换脸部朝向;让宝宝多进行侧卧和俯卧等姿势练习;锻炼宝宝的头颈部肌肉力量和协调性。如果头睡偏了,睡觉时头大的那边要在下面;如果脸睡偏了,睡觉时脸小的那边要在下面。

9. 宝宝大便有黏液怎么办?

宝宝大便中出现黏液是比较常见的现象,通常不会很严重,但大便有黏液也可能是某些疾病的症状之一。除第三章介绍的消化不良、过敏、感染、肠道梗阻等常见原因之外,新生儿肠黏膜脱落、过度喂养、妈妈饮食过于油腻也可能导致宝宝大便有黏液。另外,宝宝患有肠胃炎时,肠黏膜受到炎症刺激,会导致大便有黏液。通常这种情况下的大便不仅有黏液,还会伴有拉丝的现象。如果宝宝大便黏液拉丝很长,需要尽快就医。

10. 宝宝呛奶了怎么办?

如果宝宝呛奶了,一定要用正确的方法处理。不要将宝宝直接抱起来。可以去拉一下宝宝的耳朵,因为耳朵的鼓室与鼻咽部之间有一个通道叫作咽鼓管,是平衡鼓膜两侧气压的。拉一下宝宝的耳朵有助于缓解呛奶,然后将宝宝放在腿上,让宝宝的脸朝下,轻拍宝宝后背。

11. 宝宝大便有奶瓣怎么办?

母乳喂养的宝宝,如果大便有奶瓣,说明妈妈摄入的脂肪、蛋白质过多,要调整妈妈的饮食,减少脂肪、蛋白质的摄入;配方奶喂养的宝宝如果大便有奶瓣,一是因为过度喂养,二是因为奶粉没有冲泡均匀,要按照喂养公式喂养,并采用"15 分钟冲调法"(详见第二章)。

12. 宝宝拉绿色大便怎么办?

母乳喂养的宝宝拉绿色大便,是因为妈妈补铁或者吃了含铁量比较高的食物。还有一种可能是宝宝吃奶时吮吸的姿势不正确,妈妈的乳头会疼痛、皲裂、有白点或白泡。如果是这种情况,宝宝拉的大便量比较少,且颜色翠绿。这是饥饿性腹泻,说明宝宝没有得到充足喂养,需要调整母乳喂养的方式(详见第二章)。

配方奶喂养的宝宝可能因为奶粉中的铁不易吸收,大便呈绿色,这是正常现象。不要通过更换羊奶粉的方式来改善。牛奶粉和羊奶粉在营养成分上有所不同。羊奶粉并不适合所有宝宝(详见第二章)。

13. 宝宝拉泡沫大便怎么办?

母乳喂养的宝宝特别容易拉泡沫大便。母乳前奶中有大量的水、乳糖、蛋白质,后奶中有大量的脂肪。如果宝宝吃奶时吮吸姿势不正确,或者妈妈一侧乳房没有排空就换另一侧乳房,宝宝前后奶吃得不均匀,只吃了个"水饱",并且摄入的乳糖过多,宝宝身体不能短时间内产生大量的乳糖酶进行消化,大便就会带有泡沫。出现这种情况,纠正宝宝吮吸姿势和喂养方法就可以。

如果宝宝的大便里既有泡沫,又有奶瓣,还有水便分离的现象,说明宝宝乳糖不耐受,需要按照相应的方法应对。

如果宝宝吮吸姿势和喂养方法正确,大便还有泡沫,那么妈妈就要适当减少碳水化合物的摄入。

14. 妈妈生完宝宝后多久可以洗澡?

妈妈在生产后的洗澡时间要根据个人情况和医生的建议而定。如果妈妈有产后出血、感染或其他并发症,可能需要推迟洗澡时间。通常情况下,剖宫产的妈妈生产 1 周之后可以洗澡,顺产的妈妈生产 3 天后就可以洗澡。

妈妈洗澡时应保持环境和水清洁,避免水温过高,以免影响身体恢复。此外,需要注意伤口和乳头的保护和清洁。妈妈最好坐在马桶上淋浴,避免头晕。千万不要用吹风机吹干头发,不论吹的是冷风还是热风,都容易引起头痛。一定要用干发巾擦干头发,有条件的再在电暖器旁边烤干。

15. 如何给宝宝拍嗝?

在宝宝吃奶前、中、后都要拍嗝,避免宝宝肠胃胀气。拍嗝应采用"6次手刀顺嗝法"。

6次手刀
顺嗝法

16. 妈妈感冒发烧还可以给宝宝喂奶吗?

一般来说,妈妈感冒发烧可以给宝宝喂奶,但需要注意一些细节,以保证宝宝的健康。首先,妈妈需要穿戴合适的衣服,保持室温适宜,避免感冒加重。其次,如果妈妈需要服用退烧药,应按照医生的指导,用药方法和剂量正确,以避免对宝宝产生不良影响。再次,妈妈应该经常洗手,避免交叉感染;保持环境整洁、卫生,以减少病菌的传播。如果妈妈的病情较重,应及时就医,保护好自己和宝宝的健康。

如果妈妈是因为乳腺炎发烧,要及时处理乳腺炎,在不用药的时候完全可以哺乳。如果妈妈是因为感冒发烧,状态良好的情况下可以选择不吃药,继续哺乳,母乳也有助于宝宝形成抵抗力;但如果妈妈发烧体温超过39 ℃,最好就不要喂奶了,要先把体温降到正常范围。

17. 妈妈乳头凹陷应何时矫正?

妈妈如果乳头凹陷,最好提前矫正。在孕37周后就可以进行矫正,因为此时宝宝足月了,即使矫正引起妈妈宫缩也没有关系。可以买乳头矫正器,用正确的方法牵拉,如采用十字牵拉法用手牵拉。如果已经开始哺乳才发现乳头凹陷,除了用乳头矫正器矫正之外,也可以用乳盾辅助哺乳。

18. 宝宝睡觉总是身体抽动,好像吓到了,是怎么回事?

惊跳反射,也称为摇篮反射,是宝宝出生后自然表现出来的一种保护性反应。宝宝在受到惊吓、摇动或者头部快速改变方向时,会突然伸开四肢,再迅速地收回,这就是惊跳反射。它的作用是帮助宝宝保持平衡和避免受到意外伤害。宝宝经常嘴巴动一动,身体颤一下,睡觉时候大哭,有时刚睡下不久就哭,这些都没有关系。惊跳反射通常会在出生后几个月内逐渐减弱,通常在3个月之内比较频繁,7个月之后基本消失。惊跳反射是宝宝没有发育完全的一个表现。可以准备两个15厘米×20厘米的枕套,里面装上小米,在宝宝睡觉时分别放在宝宝胳膊两边,让宝宝有依靠,增强宝宝的安全感,有助于减轻惊跳反射。

平时一定要多给宝宝做抚触,经常为宝宝按摩,尤其是按摩背部。与妈妈进行皮肤接触会增强宝宝的安全感,减轻惊跳反射。

19. 宝宝打喷嚏怎么办?

宝宝在家偶尔打喷嚏,不要直接认定是感冒,很多时候是因为环境中的尘埃过多,宝宝的鼻黏膜受到刺激而产生应激反应。要经常开窗通风,上午一次,下午一次。室内湿度维持在50%～60%,温度维持在20℃～24℃。

如果宝宝流清鼻涕,妈妈可以将手搓热,捂在宝宝的前囟门上,直到宝宝微微出汗;如果宝宝流黄鼻涕,应尽快就医。

20. 过度喂养对宝宝有害吗?

过度喂养指的是宝宝在饮食方面得到的能量和营养过多,超出身体的需求和承受能力。喂养过度的危害很大,会引起一系列问题。

(1)体重增加过快。过度喂养会导致宝宝体重增加过快,提高肥胖的风险。肥胖儿童易患心血管疾病和糖尿病等慢性疾病。

(2)消化问题。宝宝的消化系统发育尚不完全,过度喂养会导致宝宝肠胃不适,造成腹泻、便秘等消化问题。

(3)营养失衡。宝宝得到的能量和营养物质过多,并不意味着营养全面。宝宝很可能缺乏一些必需营养物质,如维生素、矿物质。

(4)哭闹。过度喂养会导致宝宝肚子饱胀,产生不适感,爱哭闹。

(5)抵抗力下降。过度喂养会导致宝宝的免疫系统受到损害,抵抗力下降,易感染疾病。

因此,应根据宝宝的月龄、身高、体重和活动量等因素,合理控制宝宝的饮食量和营养摄入,避免过度喂养。要按照喂养公式(详见第三章)喂养宝宝。如果发现宝宝晚上经常睡不踏实,或者是宝宝体重增长过快,或者大便里有奶瓣,这些都可能是营养未被完全吸收的表现。这时吃益生菌是没有用的,反而会破坏宝宝的肠道菌群。

21. 宝宝对母乳不耐受怎么办？

母乳的众多营养成分中可能会有一些导致宝宝不舒服，产生"放屁崩屎"的情况，这没有关系。妈妈在给宝宝喂奶前，可以先温敷乳房，每周清洁乳房 2～3 次。妈妈吃水果前先将水果温热，避免吃凉的水果。

22. 宝宝如何睡出圆头型？

宝宝睡觉时不能身体平躺，而头偏向一侧；也不能完全将身体侧过来，与床面呈 90°。宝宝侧睡时，后背与床面之间留 20°～30° 的角度，一边侧躺 1 小时后要换另一边。

23. 如何判断宝宝吃饱了？

判断宝宝吃饱了可以看以下信号。

（1）宝宝脸上露出愉悦的表情，说明吃饱了。

（2）母乳喂养的宝宝吃饱了会自动吐出乳头，且乳头形状是圆形的。

（3）宝宝吃饱后能睡一大觉，如睡 2～3 小时。

（4）宝宝每天小便 6～10 次，体重每天增长 30～50 克。

24. 宝宝有脐疝怎么办？

脐疝是指脐带残留部分没有完全愈合而导致的肚脐周围的腹壁缺陷，部分腹腔内的器官可能会从缺陷处探出来，形成一小块突出的包块。通常情况下，脐疝不会引起疼痛，也不需要特别的处理，一般在 2 岁之内会自行愈合。但是如果宝宝的脐疝特别大，或者疝囊内的器官被卡住，就需要及时就医。

如果宝宝有脐疝，以下是一些可以采取的措施。

（1）观察。大多情况下，脐疝不会影响宝宝的生长和发育，不需要治疗。只需每天检查一下，确保疝囊没有发生异常变化。

（2）穿宽松的衣服。给宝宝穿宽松的衣服，避免衣服太紧而压迫脐疝。

（3）避免腹部用力。避免宝宝进行剧烈运动、哭闹等会增加腹压的活动，以免脐疝变得更加明显。

（4）手动复位。在医生的指导下，可以试着用手把脐疝推回腹腔，但是不要自行尝试，以免造成伤害。

（5）手术治疗。如果宝宝的脐疝过大，或者疝囊内的器官被卡住，需要进行手术治疗。手术通常在 2 岁之前进行。

25. 母乳该如何储存?

母乳储存的温度和时间遵循"333 原则":母乳在常温下可以保存 2～3 小时,在冷藏的环境下可以保存 2～3 天,在冷冻的环境下可以保存 3 个月。冷藏的温度最好在 0～4 ℃,可以使用冰箱的冷藏室或者专门的母乳冰箱。但要注意,储存的时间越长,母乳的营养价值就越低。

储存母乳一定要使用干净的容器,可以是专门的母乳袋、玻璃瓶或者塑料瓶。不建议使用普通的食品袋或塑料袋,因为这些袋子可能会破裂或渗漏,导致母乳被污染。最好使用特制的储奶瓶,这些瓶子有容量刻度线,并且可以防止渗漏。

在储存母乳之前要彻底洗手,以避免细菌感染。同时,要确保储存容器干净、干燥,并在储存过程中避免手接触储存容器的内部。每个宝宝对母乳的需求不同,因此母乳储存量也会有所不同。可以根据宝宝平时吃的量来储存。不建议一次储存太多,以免浪费。在容器上标记好储存母乳的日期,以便在需要时进行识别。

解冻母乳时,最好在冰箱的冷藏室中缓慢解冻,或者将盛有母乳的袋子或瓶子放在温水中解冻。不要使用微波炉或热水解冻母乳,因为这样会破坏母乳的营养成分。

26. 宝宝好像进入猛长期了,怎么办?

猛长期是指宝宝出生后身体各方面发生迅速变化,如体重迅速增长,需要摄入更多食物的特定时间段。猛长期是宝宝生长发育中的重要阶段,应及时满足宝宝的需要。

新生儿的猛长期频繁,出生后 3～5 天、7～8 天、15 天左右、30 天左右都可能迎来猛长期。猛长期的特点是宝宝的睡眠需求少,吃奶的需求高,比如,前两天还是两三个小时吃一次,最近变成一小时就要吃一次,同时会有更频繁的哭闹等表现。没关系,给宝宝正常哺乳就可以。

注意一定要先给宝宝拍嗝顺气再喂奶,否则宝宝在猛长期后很容易肠胀气。

27. 宝宝流口水、有口水疹怎么办？

宝宝流口水是很正常的现象，可能是由于宝宝还没有控制唾液的能力，唾液易流出口腔。宝宝也会通过流口水来探索周围环境，这有助于他们的感觉和认知能力发展。宝宝流口水也有可能是出牙或消化不良等引起的，但这通常是暂时的，并不需要过分担心。

宝宝因为经常流口水，所以嘴巴周围包括下巴容易长疹子。我们将口水与皮肤"隔离"就可以了。具体做法是给宝宝蘸干嘴巴外面的口水，再抹一点油。一定要蘸干口水后才可以抹油。可以抹维生素 AD 或者维生素 D_3 滴剂中的油。

28. 宝宝偶尔咳嗽怎么办？如何与肺炎区分？

新生儿肺炎的表现因病原体、感染部位及感染程度的不同而异。以下是新生儿肺炎的一些常见表现：呼吸急促或快速，呼吸时伴有鼻翼扇动、胸骨下陷或呼吸音响亮；发热或体温下降，体温不稳定，经常高热或低温，可能会出现寒战；精神萎靡不振，表现出食欲缺乏、嗜睡或嗜哭等症状；咳嗽、呛咳、喘息、呼吸困难等；呼吸道分泌物增多，口鼻分泌物黏稠，呈现黄绿色，常常夹杂血丝；皮肤发绀，尤其是口唇和指（趾）端；体重不增或下降幅度超过正常生理范围。新生儿肺炎不一定表现出上述所有症状，而且也可能有其他症状。如果发现宝宝出现上述症状，应尽快就医。

如果宝宝没有以上症状，只是偶尔咳嗽，要先检查室内的空气湿度有没有处于 50%～60% 的范围内，如果没有，可以用加湿器或除湿机调节湿度。另外，家里要经常开窗通风，保持良好的环境。如果是其他原因引起的咳嗽，也可以通过小儿推拿来缓解。

29. 宝宝转奶应该怎样转？

不论是同一品牌还是不同品牌的奶粉转换，都有一个转奶规则，叫作"老八新二，老七新三，老六新四，老五新五"，以这种比例变化去转奶，每种比例吃3天，再按下一个比例冲调。

（1）选择适合的奶粉。根据宝宝的月龄、身体情况和需求，选择适合的奶粉品牌和种类。

（2）逐步混合。在母乳或当前的奶粉中逐步混入新奶粉。第一次混合时，以老奶粉80%、新奶粉20%的比例，让宝宝的肠道做好过渡准备，否则很容易"放屁崩屎"。

（3）观察宝宝的反应。如果宝宝对新奶粉有不良反应，如过敏、腹泻、呕吐等，应及时停止转奶。

（4）逐渐停止母乳或旧奶粉。当宝宝适应新奶粉后，可以逐渐减少母乳或旧奶粉的喂养，最终完全停止。

在转奶的过程中，要注意观察宝宝的反应和身体状况，如有异常情况，应及时咨询医生。

30. 怎样给宝宝断夜奶？

宝宝出生后第一个月晚上要吃2～3次奶，第二个月晚上吃1～2次奶，第三个月晚上只吃1次奶或可以断夜奶，因此，3个月宝宝就可以断夜奶了。

断夜奶期间，要确保宝宝白天吃的每一顿都要吃饱，并且要给宝宝营造一个好的睡眠环境，宝宝才不易夜醒（详见第四章）。

如果晚上宝宝起来找奶吃怎么办？可以和宝宝商量："宝宝，乳房很累了，妈妈也很累了，想要休息，我们不吃了好不好？"不要担心宝宝听不懂，耐心地与宝宝交流，很快就能成功断夜奶。

31. 怎样补充维生素 AD、维生素 D_3、DHA？

维生素 AD 是维生素 A 和维生素 D 的混合物。维生素 A 和维生素 D 都是脂溶性维生素。维生素 A 对人体的视力、免疫系统、生殖系统等方面有重要作用；维生素 D 则有助于人体吸收钙和磷，促进骨骼的正常发育。维生素 D_3 是维生素 D 的一种，也被称为胆钙化醇，可以促进人体肠道对钙的吸收，从而维持正常的钙、磷代谢，支持骨骼和牙齿的健康，同时还能够提高人体免疫力。总的来说，维生素 AD 和维生素 D_3 都是对人体有益的营养物质。但是，它们具有不同的功能和适用症状，在补充时要注意剂量和方法。

宝宝需要补充维生素 AD 或者维生素 D_3，以促进对钙的吸收。建议足月宝宝一天吃维生素 AD，一天吃维生素 D_3，两者交替，每天 400 IU；也可以每天只吃维生素 D_3 或每天只吃维生素 AD。不要一天既吃维生素 AD 又吃维生素

D₃,两者同时吃会造成维生素补充过量的问题。早产儿每天需补充 800 IU,可以每天既吃维生素 AD 也吃维生素 D₃。

DHA 是一种重要的 ω-3 不饱和脂肪酸,全称为二十二碳六烯酸。它是人体脑组织、视网膜等结构的重要成分,还有助于保持血液正常流动、降低血液中的甘油三酯和胆固醇,预防心血管疾病等。因为人体无法自行合成 DHA,所以需要通过饮食或者营养补充剂等方式摄入足够的 DHA。在婴幼儿阶段,DHA 对于脑发育和视觉发育非常重要,因此被广泛添加在奶粉、辅食等产品中。母乳和奶粉中都含有较多 DHA,所以宝宝断奶前不需要额外补充 DHA,断奶后到 10 岁之前最好补充,以满足孩子大脑快速发育对 DHA 的需求,注意不可补充过量。不要觉得补充了 DHA 的宝宝就一定会聪明,宝宝是否聪明不仅仅受这一个因素决定。宝宝的大脑发育主要是通过正确的刺激,而不是单纯依靠营养物质。

32. 什么是感觉统合训练?

感觉统合训练是一种旨在通过刺激人体感觉系统(视觉、听觉、触觉、运动感觉等),促进人体神经系统发育和改善神经系统功能的训练方法。感觉统合训练通过一系列有针对性的活动和刺激,提高人体感觉系统的敏感性和反应能力,使人能够更好地接收和处理感觉信息,并产生适当的行为反应。感觉统合训练常用于儿童发育迟缓、学习障碍、注意力缺陷、孤独症等问题的康复治疗中。

宝宝的感觉统合训练主要目的是通过刺激宝宝的感觉系统,促进其神经系统的发育,以提高其运动和认知能力。通常包括以下几个方面。

(1)触觉训练。通过触摸、按摩等方式,刺激宝宝的皮肤感受器,训练其对触觉的感知和反应。

(2)听觉训练。通过声音刺激,训练宝宝对声音的敏感性和反应能力。

(3)视觉训练。通过视觉刺激,如不同颜色、形状、大小的刺激,训练宝宝对视觉的感知和反应能力。

(4)嗅觉训练。通过气味刺激,训练宝宝对各种气味的敏感度和嗅觉能力。

(5)味觉训练。辅食添加之后让宝宝尝试各种食物,按照辅食添加的正确方法进行,可以锻炼宝宝对味觉的感知能力,避免挑食。

（6）本体觉训练。通过姿势变换、游戏等方式,促进宝宝的运动能力和手眼协调能力发展。

（7）平衡觉训练。通过平衡板、球等工具,促进宝宝的平衡能力和身体控制能力发展。

（8）空间感知训练。通过布置环境和给予宝宝合适的玩具,促进宝宝对空间的感知和认知能力发展。

感觉统合训练最好在专业的训练师或儿科医师的指导下进行,以确保训练的安全性和有效性。

感觉统合训练不仅可以帮助宝宝发展身体和认知能力,还可以帮助他们建立自信心和良好的情绪状态,对其身心健康和综合发展具有重要作用。宝宝一定要进行感觉统合训练,在宝宝从出生第一天开始就要进行,详见本书每个月龄宝宝的早教技术。

33. 什么是偏心含乳法？

妈妈哺乳时,如果是直接将乳头往宝宝嘴里放,就错了。这样做,乳头会有疼痛感,起白泡,而且会使宝宝含乳过浅,吃一会儿就不吃了。

正确的姿势叫作偏心含乳法。关键是让宝宝抬头含乳。怎样做到让宝宝抬头含乳呢？妈妈要将乳头送到宝宝的鼻尖,宝宝自然会抬头、张嘴。这样含乳,宝宝的下唇能吸到乳房的更多位置,乳汁沿着宝宝的上颚滑到宝宝嘴里。

34. 到了厌奶期怎么办？

厌奶期是指宝宝在一定时间内对母乳或配方奶产生排斥和拒绝的阶段。宝宝的厌奶期多发生于出生后 3～4 个月、8～10 个月,甚至 18 个月的时候也会有;也有的宝宝不会经历厌奶期。按照本书内容(详见第五章)训练宝宝,可以帮助宝宝顺利度过厌奶期或者不出现厌奶期。

宝宝在厌奶期的表现有拒绝吃奶、吃奶时间缩短、不规律或不充分地进食、更倾向于固体食物等等。由于前期宝宝已经积累了足够的能量,到了厌奶期就会吃得少一些。每次厌奶期的持续时间是 15～20 天。

在宝宝厌奶期,妈妈要注意减少喂奶次数,拉长喂奶时间,不要强行喂奶,最重要的是加大宝宝的能量消耗,白天尽量多进行早教。备好安抚奶嘴或咬胶,避免遇到出牙期和厌奶期同时来临的情况而措手不及。总的来说,宝宝有厌奶期是正常的,不需要担心。

35. 宝宝为什么总是哭闹?该怎么做?

宝宝总是哭闹,不一定是因为饿了。我们要学会识别宝宝哭闹想表达的内容,也就是邓斯坦婴儿语言。宝宝不会用语言表达,只能通过哭声表达出他们的感受,比如饿了、肚子疼、需要安抚、困了,都能通过不同的哭声表达出来。学会宝宝哭闹识别对于照护新生儿而言尤其重要。

36. 宝宝得了黄疸怎么办?

病理性黄疸是指疾病或其他原因引起的黄疸,通常是血液中胆红素浓度过高造成的。如果宝宝有病理性黄疸,出生第一天就会显现出来,由医生给予治疗。

常见的病理性黄疸包括以下几种。

(1)肝炎。肝脏受损,胆红素无法正常代谢,导致血液中胆红素浓度升高,从而出现黄疸。

(2)胆管阻塞。胆囊肿大、胆道结石或其他原因造成的堵塞会导致胆汁无法流出,胆红素不能正常排出,从而导致血液中胆红素浓度升高,出现黄疸。

(3)血液疾病。溶血性贫血、血红蛋白病等疾病会导致血液中的红细胞破坏,释放出大量的胆红素,从而出现黄疸。

(4)先天性胆道异常。有的宝宝出生时就胆道异常,胆汁无法正常排出,从而引起黄疸。

病理性黄疸需要及时就医,找出病因并进行治疗。

生理性黄疸是新生儿的一种正常现象,通常在出生后的第二天开始出现,持续3～7天,最长不超过14天。生理性黄疸是新生儿体内的胆红素代谢速度较慢所致。新生儿出生后,体内红细胞数量急剧下降,红细胞中的血红蛋白被分解成胆红素,这些胆红素需要经过肝脏代谢后排到体外。新生儿的肝功能尚未完全发育,加之胆汁分泌功能还不健全,肝脏对胆红素的转化能力也较差,因此,胆红素在体内积累,导致皮肤和眼白呈现黄色。

生理性黄疸通常不需要特殊治疗，只需注意观察，确保宝宝摄入足够的母乳或奶粉，并保持良好的睡眠和排便，黄疸会在数天内自然消退。如果黄疸持续时间较长或黄疸程度过高，需要医生进一步诊治，排除病理性黄疸的可能。

还有一类特殊的黄疸叫作母乳性黄疸，较为少见。与其他类型的黄疸不同，母乳性黄疸是母乳中的某些成分干扰宝宝肝脏分解胆红素的过程而导致血液胆红素水平上升。母乳性黄疸通常不需要特别治疗，除非宝宝的胆红素水平异常高或黄疸持续时间较长。通常建议母乳喂养的宝宝继续母乳喂养，并增加哺乳次数，以帮助排出过多的胆红素。有时医生会建议在母乳喂养期间暂时加入配方奶，以帮助宝宝更快地排出胆红素。

缓解母乳性黄疸，可以采用母乳加热法：将母乳吸出，用 60 ℃～ 70 ℃的水加热 15 分钟，然后凉到宝宝可以吃的温度，再喂给宝宝。如此 3 ～ 7 天之后，黄疸便可消退。

37. 宝宝吃手怎么办？

如果宝宝喜欢吃手，不要阻止。宝宝如果小时候一吃手就遭到阻止，到了一两岁，就会喜欢咬人、咬东西，因为他们在口欲期没有得到满足。但是，为了让宝宝不依赖吃手，我们需要做到以下几点。

（1）勤给宝宝洗手，保持手卫生。

（2）不要让宝宝吃手吃得太久。

（3）给宝宝提供安抚奶嘴、牙胶等安全的物品，但是不要让宝宝长期只吃一种。比如，牙胶准备两三种，安抚奶嘴准备两三种，让宝宝换着吃就可以。

38. 新生儿总打嗝怎么办？

新生儿容易打嗝，照护者往往会采用一些错误的应对方法，比如让宝宝喝点水去抑制打嗝。大多数情况下，宝宝打嗝其实是不需要干预的。

新生儿打嗝是一种很常见的现象，大多是正常的生理反应，不必过于担心。以下是关于新生儿打嗝的一些常见问题。

（1）为什么新生儿会打嗝？新生儿打嗝有的是因为胃部、食道和呼吸道的控制机制尚未完全发育成熟，导致部分空气进入胃部引起肠胃胀气，而打嗝可以帮助将过多的空气排出；有的是因为膈肌没有发育完全，会连续地收缩，当宝宝受到一些轻微的刺激,如冷空气、强光、吃奶吃得太快、想要排便,都可能打嗝。

（2）打嗝对新生儿有危害吗? 大部分情况下,打嗝对宝宝是没有危害的。但是,如果打嗝过于频繁或持续时间较长,可能会影响宝宝的睡眠和进食,甚至引起呕吐等不适症状,建议及时就医。

（3）如何帮助新生儿排出嗝? 可以通过以下方法帮助新生儿排出嗝:让宝宝保持安静、放松状态,不要过度刺激宝宝;让宝宝保持坐姿或半躺的姿势,轻抚宝宝背部或轻抚宝宝的头部,有助于宝宝排出胃部的气体。如果宝宝正在吃奶,可以先暂停喂奶,待宝宝打完嗝再继续喂奶。

39. 为什么要开奶?

很多人认为剖宫产的妈妈刚生完宝宝不会有母乳,这是错误的认知。在妊娠期间,乳房已经开始制造母乳,但通常要等到分娩后,在催产素和催乳素等激素的作用下,乳头周围的肌肉收缩,将乳汁推向乳头,才会真正开始分泌母乳。这个过程就叫作开奶。

宝宝出生半小时之后,就可以给妈妈开奶了,让宝宝吃上母乳。那么,怎样开奶呢? 要做到"三早",即"早接触、早吸吮、早开奶"（详见第二章）。

"三早"需要反复做才有效,不仅产后第一天要做,以后的每一天都可以通过这种方式来增加母乳量和完善宝宝的早教。

40. 宝宝长湿疹了怎么办?

有的宝宝皮肤上经常长一些小疹子,反反复复,这种疹子很可能是湿疹。湿疹不一定是因为宝宝的皮肤有问题,往往是因为过敏,尤其是肠道对奶粉过敏,所以要对宝宝的肠道进行保护。

湿疹的原因主要有以下几方面。

（1）遗传因素。家族中有湿疹的人群,其后代患病风险会增加。由父母遗传给孩子的某些基因,会影响孩子皮肤的天然保护屏障和免疫系统的功能,使得孩子的皮肤对外界环境刺激更敏感。具体而言,湿疹的两个主要遗传因素是皮肤屏障缺陷和免疫系统过敏性反应。皮肤屏障缺陷指的是皮肤天然保护层的缺陷,会导致水分流失、皮肤干燥,从而使得皮肤更容易受到外界环境的刺激,发生炎症。免疫系统过敏性反应指的是免疫系统对一些常见的外界刺激(如花粉、灰尘、宠物毛发)的过度反应,这会引发皮肤炎症、瘙痒。遗传因素不仅可以直接影响宝宝是否会出现湿疹,还可能会影响湿疹的发生率和严重程度。如果宝宝的父母或近亲中有湿疹等皮肤疾病史,那么宝宝患湿疹的概率就会更高。

(2)免疫系统问题。身体免疫系统的异常反应可能导致湿疹。

(3)环境因素。干燥、寒冷、过度清洁、气候变化等环境因素都可能引发湿疹。

(4)食物过敏。某些食物如鸡蛋、牛奶、花生、小麦,会导致湿疹。

(5)化学物质。接触某些化学物质如洗涤剂、香水、化妆品,可能引起湿疹。

(6)皮肤感染。头皮屑、痤疮等有可能导致湿疹。

宝宝湿疹的处理方法:环境湿度保持在50%～60%。如果过于干燥,可以使用加湿器或者每天通风两次;如果过于潮湿,可以使用除湿机。如果是母乳喂养,妈妈要忌口,海鲜(蚝油)、花生(花生油)、菌菇、牛奶、牛肉、羊肉、籽多的热带水果如芒果等要少吃或不吃。忌口做到位,也不代表完全不能吃。以上需要忌口的食物可以每次只吃一样,试吃3天,如果宝宝没有出现湿疹,就可以尝试下一样。宝宝长湿疹的地方需要保湿。用棉签蘸着凉白开(一定要将白开水放凉,还可以放在冰箱冷藏室里冷藏一下)涂抹湿疹部位,再涂些保湿乳或保湿霜就可以了。

选择保湿乳或保湿霜的时候要注意:不要选"油"。"油"会让皮肤更加干燥,"乳"和"霜"都有助于皮肤保持湿润。不要使用激素类保湿乳。激素类保湿乳可以通过改变皮肤的代谢和免疫功能,达到保湿、抑制炎症等效果。然而,长期使用激素类保湿乳可能会对宝宝的健康造成一定的影响。首先,激素类保湿乳使用不当可能会引起激素依赖性皮炎,导致皮肤更加敏感,并出现更严重的瘙痒等湿疹症状。其次,激素类保湿乳也会对宝宝的内分泌系统产生影响,导致激素水平的改变,从而引起身体的一系列反应,包括生长发育、免疫系统、神经系统异常等等。因此,应选择无激素或低激素的产品,并遵循医生或药师的建议和使用说明。另外,保持宝宝的皮肤清洁和干燥也是预防湿疹的重要措施。

41. 宝宝长热疹了怎么办?

宝宝脸上或者身上有时会长小疙瘩,红色"底盘"很清晰,上面有"白头",一粒一粒清晰可见,这种小疙瘩叫作热疹。

在家里最好不要给宝宝又戴帽子又穿袜子,建议让宝宝凉快一些。

热疹的最佳处理办法很简单,就是"晾着":帽子摘掉,袜子脱掉,热疹自然消退。一切消除热疹的药物都不如"晾着"。

42. 宝宝长痱子了怎么办?

痱子是一种常见的皮肤问题,也称为汗疱疹或汗斑,多发于夏季高温潮湿时。痱子通常是由于汗腺导管堵塞,汗液不能顺畅地排出,在皮肤表面积聚形成的小水泡。痱子的症状包括皮肤出现红色或透明小水泡、瘙痒、刺痛。儿童容易长痱子,成人也有长痱子的。痱子不是严重问题,多数情况下可以通过保持皮肤干爽、穿透气性好的衣物和避免待在高温、潮湿环境来预防和缓解。

43. 宝宝肠胀气怎么办?

宝宝天生是没有肠胀气的,肠胀气是因为喂奶的方法不对。宝宝平时玩耍或者哭闹时,会有吞咽的动作,难免将空气吞到食道,如果喂奶时强行把这些空气压下去,就会导致肠胀气。

预防肠胀气的 3 条"金律"如下。

(1)大哭之后不喂奶。宝宝每次大哭都会吞气,宝宝大哭后一定要安抚好宝宝,呼吸均匀后再喂奶。

(2)喂奶前要拍嗝。喂奶前要把气捋顺,打通通路。

(3)喂奶中间要拍嗝。如果是母乳喂养,大约 10 分钟一个奶阵,奶阵结束后给宝宝拍嗝顺气,再继续喂奶。如果是奶粉喂养,每吃 30 毫升就停下来给宝宝顺气拍嗝,再继续喂奶。

做到这 3 条"金律",相信宝宝肠胀气的情况会明显减少。

传统育儿理念认为用排气操、飞机抱、热敷肚子、益生菌等方式能缓解肠胀气,其实,这些做法只能在宝宝肠胀气之后减少哭闹和减轻不适。上述 3 条"金律"才是能有效预防肠胀气的方法。

44. 母乳太多怎么办？

如果母乳太多，妈妈要注意达到供需平衡，不要频繁地刺激乳房，也不要喝过多的汤汤水水；每次哺乳要让宝宝"吃透"一侧乳房再换另一侧，切忌频繁换边。宝宝比较小的时候，可能吃一侧就吃饱了，另外一侧乳房涨奶，妈妈可以排出 1/3（注意不要用吸奶器全部排出）解解压，下次喂奶的时候让宝宝先吃这一侧，"吃透"这一侧再去吃另一侧。如此坚持 3 周左右，就会达到供需平衡。

如果母乳特别多，不要任由乳房漏奶。不仅要采用以上办法，而且哺乳时用趴喂的方式，妈妈上身后仰 45°，可以避免宝宝呛奶。还可以用回奶的手法，减慢乳汁的流速。

45. 宝宝产生乳头混淆怎么办？

前期加了奶粉的宝宝，突然不吮吸妈妈的乳头，或者吃母乳的宝宝在转奶的时候不吮吸奶嘴，都叫作乳头混淆。因为用奶瓶喂养的宝宝和母乳喂养的宝宝，嘴巴肌肉记忆是不一样的。每次吃奶的时候，宝宝需要同时调动多组肌肉，所以有句话叫"使出吃奶的力气"，的确，吃奶是一件很累的事情。宝宝吮吸乳头时的嘴形是上唇上翻、下唇下翻，通过宝宝下颌的挤压，乳汁沿宝宝的上颚流入宝宝嘴里。而奶瓶喂养的宝宝吮吸时像用吸管一样，靠的是嘴唇用力。所以宝宝在更换为吮吸乳头或奶嘴时嘴巴会不适应，从而导致乳头混淆。

宝宝产生乳头混淆该如何调整？乳头混淆分为 3 种：味道混淆、口感混淆、流速混淆。以让宝宝更换为吮吸乳头为例：对于味道混淆的宝宝，哺乳时可以在乳头周围滴几滴配方奶，让宝宝误以为是配方奶；对于流速混淆的宝宝，可以使用乳旁加奶器，当宝宝不太吮吸的时候，就开大乳旁加奶器，让宝宝大口喝奶；对于口感混淆，包括舌系带短的宝宝，妈妈洗干净手，用拇指以指甲面朝下的姿势放到宝宝的嘴巴里，这时会发现宝宝在吮吸你的指甲尖，说明宝宝的含乳姿势是不对的，拇指再往里放，直到你的指甲放到宝宝的舌头中后部，然后将拇指翻过来，做下压外拉的动作，当拉到宝宝的舌头伸出来一点时赶紧送乳，宝宝就能做到正确的含乳姿势。

如果是吃了母乳不吃配方奶的宝宝，可以提前让宝宝与奶瓶接触，适应奶瓶，奶瓶里放母乳进行哺乳，再转换成配方奶。只能采用多次练习的方式。如果宝宝依然不吃奶瓶,可以用勺喂的方式给宝宝喂奶。

46. 配方奶的冲调和保存有哪些注意事项?

以下4类宝宝属于细菌感染的高发人群:不足2月龄的宝宝、早产儿、出生体重低于2.5千克的宝宝、免疫功能低下的宝宝。这些宝宝一旦感染细菌,症状往往较为严重。

我们不可能让生活空间无菌,我们要追求的也不是无菌,因为我们的身体中就有数以亿计的细菌。人体与细菌其实是共生的,绝大部分细菌对我们的健康无害,有的还对健康有好处,比如益生菌。但是外界的许多细菌对身体有害,我们应尽量做到在配方奶冲调的过程中少引入细菌,在保存配方奶时抑制细菌的繁殖。

配方奶冲调的过程中总共会接触到4类东西:奶粉、水、奶瓶、手。另外,还要注意保存与回温的方式。

第一,奶粉。奶粉不是无菌的,这不是哪一个品牌的问题,而是在奶粉制造和包装的过程当中,或者开封后的储存方式不当,都有可能导致奶粉被病原体污染。冲调时用70℃以上的热水,就可以大幅度降低细菌感染的风险。有人可能会说:"我一直都用室温水冲调,也没有怎么样啊。"不怕一万只怕万一,用热水冲调之后降温再给宝宝喝是比较安全的。平常也要记得把奶粉(不论是在开封前还是开封后)储存在阴凉干燥的地方,因为温热潮湿的地方细菌滋生的速度较快。罐口要盖紧,不要放在冰箱,也不要放在车库或是太阳会晒到的地方。注意奶粉的使用期限,过期的奶粉绝对不要用。通常开封之后,奶粉要在一个月内喝完,最好在罐子上面标注开封的日期。

第二,水源。上面说到用70℃以上的水,具体做法是把自来水或是瓶装水煮沸,大火沸腾至少1分钟再关火。先加水,再加奶粉,盖紧奶瓶盖之后轻轻地摇晃,再降温。为了抑制细菌繁殖,要快速地降温。可以把奶瓶拿到水龙头下冲冷水降温,但要注意水不要溅到奶嘴上;也可以找一个比奶瓶还要宽的杯子,里面放冷水或者冰水,把奶瓶放进去,温度合适后再给宝宝喝。如果手边刚好没有热水,就不能用室温水冲调吗?如果你相信水源是干净的,可以用室温水冲调,但要立即喝完,不能存放在冰箱里等一会儿再喝。如果你的宝宝属于细菌感染的高发人群,那就不建议用室温水冲调。可以用预泡好的水奶,那是已经灭菌的。

第三，奶瓶(包括所有奶瓶配件，如奶嘴、奶瓶栓、瓶盖)。每次使用之后都要清洁，每天至少要消毒一次。清洁的时候用手洗或者洗碗机洗都可以。先用一个专门的小盆装肥皂水，冷水、热水都可以，用奶瓶刷把瓶子内部都刷干净，然后冲水。用小盆的原因是不让奶瓶直接接触水槽，水槽里可能有细菌。洗净之后，把奶瓶放在一块干净的布或一张干净的纸上晾干。也可以用奶瓶晾干架，但不可以与家里其他餐具共用沥水架，因为其他餐具上的细菌可能会沾到奶瓶上。也可以用无菌的布或纸巾直接擦干奶瓶。

接下来就是消毒。如果清洗时是用的洗碗机，那么用洗碗机的消毒功能即可。消毒的方式有 3 种。第一种是煮沸消毒：把奶瓶和所有的配件放在一个大锅里，注水，没入奶瓶和配件，开火，煮沸之后保持沸腾 5 分钟就可以了。第二种方法是蒸汽消毒：可以买专用的奶瓶消毒袋，按照说明书操作，或者直接买奶瓶消毒机。第三种方法是漂白水消毒：如果所在的地方没有办法煮沸，也没有办法用蒸汽消毒，就用一个干净的盆，兑两勺漂白水，注意漂白水是不能含有其他添加成分的，把所有的配件都泡在水里面至少 2 分钟。浸泡时，要注意排净配件里面的空气，如奶嘴口可能需要挤一下排出空气，这样漂白水才能浸到奶嘴口。漂白水消毒过后的奶瓶是不需要再用水清洗的，因为干燥过程中漂白剂会迅速分解。最后把奶瓶放在干净的布或餐巾纸上，奶瓶干了之后再收纳。要特别记得清洁过程当中，所有使用到的工具比如说盆、奶瓶刷、奶瓶晾干架等等，也全部要经过消毒。

第四，手。我们往往觉得自己的手不会碰到奶粉，所以觉得冲调奶粉前没有洗手也没关系。但是你是否想过，你的手会碰到奶粉罐里面的勺子？勺子用完之后是直接放回奶粉罐里吗？当你洗奶瓶的时候，如果你的手没有先洗干净，手上的细菌一样可能会残留在奶瓶上。所以不管是冲奶粉还是洗奶瓶，一定要先用肥皂洗手至少 20 秒。研究显示，用肥皂洗手并用干纸巾擦干手，能显著降低手上的细菌总量。除了你自己的手，所有会碰到奶瓶、奶粉的地方，如柜子、台面，在使用之前都要擦干净、消毒。如果你的宝宝属于细菌感染的高发人群，那么消毒的步骤是一定不可以跳过的。但是如果你的宝宝是足月出生、健康、超过 3 月龄的，而且没有免疫系统的问题，就不一定需要消毒。只要每一次把奶瓶彻底洗干净就可以了。

最后说明一下保存和回温的方式。有人会选择一次性冲泡好宝宝一天所需的量,然后放冰箱,宝宝要喝的时候拿出来回温。这样做是可以的,但是要保证用的水是沸腾过的,而且在水温高于 70 ℃ 的时候冲泡。如果直接使用室温的水冲泡,就必须现冲泡现喝。有人问:宝宝没有喝完的配方奶可以放多久?如果宝宝一餐结束,配方奶还有剩余,存放的最长时间不要超过 2 小时,否则就要丢掉。为了避免浪费,奶瓶里不要一次盛太多的奶,不够可以再加。因为只要碰过宝宝嘴巴或口水的,细菌就会滋生。还有一个常见的问题:配方奶可以喝凉的吗?配方奶是不可以放在室温保存的。水奶开封后或配方奶冲泡好还没有喝过,一定要保存在冰箱冷藏室(5 ℃ 以下),宝宝要喝奶的时候再倒出需要的量。有时候宝宝太饿等不及或加热很麻烦,只要宝宝不排斥配方奶,就可以喝热的甚至冷的。基本上只要宝宝能够接受,就没有问题。加热配方奶不要使用微波炉,可以用温奶器或热水浴。给宝宝喝之前,滴一滴在手上试试温度,宁可凉一点也不要太热。

47. 宝宝"放屁崩屎"怎么办?

宝宝总是"放屁崩屎"怎么办?有时候是因为宝宝吃了"凉奶"。如果妈妈乳房里有淤堵,喝了较多肉汤,或者宝宝含乳姿势不正确,乳房没有完全排空,都可能导致妈妈的乳腺导管里残留脂肪颗粒而堵住,乳汁不通畅,时间久了就形成淤积,奶就会变成"凉奶"。妈妈最好每周用正确的方法疏通乳腺导管 2～3 次,哺乳前温敷乳房,就可以缓解宝宝"放屁崩屎"的情况。

奶粉喂养的宝宝如果"放屁崩屎",多数是因为宝宝在转奶的时候没有按照正确的方法操作,而是突然地转奶。

48. 宝宝乳糖不耐受怎么办?

辨别宝宝是否乳糖不耐受要注意 6 个方面:"三看两听一闻"。"三看",看宝宝的大便有没有奶瓣,有没有泡沫,有没有水便分离现象。"两听",听宝宝有没有肠鸣声,有没有放串屁。"一闻",闻宝宝的嘴巴里有没有酸臭味。

如果宝宝符合其中 2 个方面,是轻度乳糖不耐受;符合 4 个方面的是中度乳糖不耐受;符合 6 个方面的是重度乳糖不耐受。如果是轻度乳糖不耐受,可以调整宝宝的含乳姿势,哺乳时要让宝宝"吃透"乳房。因为母乳的前奶中含大量乳糖,短时间之内只吃前奶,宝宝摄入大量乳糖却没法产生大量乳糖酶,从而产生异常大便。如果是中度或重度乳糖不耐受,遵医嘱添加乳糖酶就可以。

49. 产后一周内不能吃哪些食物?

产后第一周,不建议妈妈吃红糖、红枣、阿胶、醪糟、煮鸡蛋、肉汤、桂圆、母鸽子、母鸡、大料和海鲜。

红糖、红枣之类,利于排血,会导致妈妈在第一周排恶露时容易出现大出血。不能吃母鸡、母鸽子之类,是因为妈妈在生完宝宝后体内激素水平发生变化,雌激素下降,催乳素升高,母鸡、母鸽子之类影响妈妈体内激素水平,会抑制泌乳。妈妈吃海鲜特别容易导致母乳喂养的宝宝长湿疹。吃煮鸡蛋容易让妈妈排便不畅,便秘易导致母乳量不足。

50. 吐奶和胃食管反流有什么区别?

宝宝吐奶高峰期在出生后 2 个月,胃食管反流的高峰期在出生后 4 个月。吐奶是非常常见的现象,很多妈妈都会遇到这种情况。如果宝宝吐奶不是很严重,不需要太过担心。吐奶的原因如下。

(1)过度喂养。宝宝喝太多奶,胃部过度膨胀,从而使奶液反流,引起吐奶。

(2)吞咽气体。宝宝在吃奶的时候吞进了空气,胃部过度膨胀,从而使奶液反流,引起吐奶。

(3)胃里有气。宝宝在进食的时候胃部有气体,也会使得奶液反流,引起吐奶。

(4)宝宝吃奶姿势不正确。宝宝吃奶时头部的位置不正确,过于仰头或俯头,都可能导致奶液反流,引起吐奶。

(5)宝宝消化不良。宝宝的肠胃功能还不是很完善,食物不易消化,就容易引起吐奶。

通常,宝宝吐的奶里没有像酸奶的奶瓣,吐出来的是奶或者是水;胃食管反流时吐的奶里有像酸奶、豆腐渣的奶瓣。

这两种情况都会从出生后 7 个月开始逐渐消失。宝宝一旦发生了吐奶或者胃食管反流,一定要少吃多餐,要采用"6次手刀顺嗝法"为宝宝拍嗝。另外可以尝试让吐奶的宝宝右侧卧,胃食管反流的宝宝左侧卧。

51. 新生儿红斑和热疹有什么区别?

宝宝出生后,往往身上会出现大块的红色斑痕,上面又有黄色小点或大的黄色圈,这是新生儿红斑。宝宝从无菌的环境出来,接触夹杂着尘埃的空气,皮肤会产生应激反应,这是新生儿红斑的一个原因。还有一个原因:捂着了。家人担心宝宝出生后太冷,就给宝宝包了很多层衣物,其实越捂越严重。新生儿红斑不需要担心,晾几天会自然消退。

热疹也是一个红红的斑,但是中间是个白色的点。热疹的处理需要减少宝宝衣物或者调整室内温度,避免宝宝过热,不需要药物治疗。

52. 宝宝需要经常使用沐浴露吗?

宝宝洗澡时最好不使用沐浴露,毕竟沐浴露里几乎都有不必要的添加成分。宝宝的皮肤会自我保护,能分泌皮脂,而使用沐浴露会让宝宝的皮肤更加干燥。尤其宝宝身上有湿疹时,千万不要用沐浴露,用了会加重湿疹。宝宝的皮肤一定要保持湿润的状态。室内湿度要维持在50%～60%。等宝宝长大了,3天或1周用一次沐浴露就可以。

53. 宝宝尿里有红色的东西,是什么?

通常情况下是尿结晶。尿结晶是指在尿液中的结晶物质,可能是宝宝体内某些物质过多,超过了尿液所能溶解的程度而形成的。尿结晶一般不会引起宝宝不适或疼痛,但是如果不及时处理,尿结晶有可能会发展成结石,进一步引起腹痛、尿痛等问题。尿结晶的种类有很多,常见的包括草酸钙结晶、草酸钙磷酸铵结晶、磷酸钙结晶等。宝宝尿结晶的产生可能与宝宝的饮食、喂养方式、尿液浓度等有关。宝宝过多地摄入含有草酸、磷酸等物质的食物,饮食中缺乏足够的水分,都有可能引起尿结晶的产生。此外,宝宝过度肥胖、长时间戴尿不湿等也可能提高尿结晶的风险。如果宝宝尿里有尿结晶,应及时就医,医生会根据宝宝的具体情况制定相应的治疗方案。平时要注意宝宝的饮食和喂养方式,增加宝宝的饮水量,避免宝宝摄入过多的草酸、磷酸等物质,以减少尿结晶的风险。

54. 女宝宝的尿不湿里有红色的血液,是怎么回事?

女宝宝在出生后几天内可能会出现类似月经的阴道流血现象,这是由宝宝体内来自母体的激素剩余物所引起的,通常称为"假性月经"。这种现象通常会在宝宝出生后的一两周内自然消失,一般不需要特殊处理。但如果宝宝出现异常的阴道出血或阴部炎症等,应及时就医。

55. 宝宝囟门凹陷和突出是什么原因?

囟门是新生儿颅骨未完全闭合所产生的裂缝,包括前囟门和后囟门。前囟门于出生后 12～18 个月闭合,后囟门于出生后 2～4 个月闭合。囟门的存在是为了便于头骨的发育和脑组织的生长。囟门有良好的弹性,可以承受头骨在生长过程中的压力。

如果宝宝囟门凹陷,可能是以下原因:宝宝缺乏水分或脱水,导致囟门区域皮肤下的组织缺水,出现凹陷;宝宝营养不良或缺乏维生素 D,导致头骨和囟门发育不良;宝宝头骨受到外力撞击或压迫,导致囟门区域组织受损,出现凹陷;宝宝出生时囟门过大或过小,导致囟门区域的皮肤和软组织不能均匀分布,出现凹陷。如果宝宝的囟门凹陷严重或持续时间较长,需要及时就医。另外,如果宝宝在咳嗽、呕吐等情况下出现囟门凹陷,也应及时就医,以确保宝宝的身体健康。

宝宝的颅内压力增大时,囟门处会向外凸起,这是正常的生理现象。如果囟门过于突出或异常膨胀,可能是颅内压力异常增大的表现,需要及时就医。在宝宝出生后的第一个月,颅内的压力尚未完全平衡,囟门处也因此凸出,这是正常的现象。

56. 新生儿需要补充葡萄糖或水吗?

宝宝刚出生时,如果母亲没有成功哺乳,或者宝宝体重较轻,医生可能会建议在给宝宝哺乳之前喂一些葡萄糖水或者少量的配方奶,以保持宝宝的血糖水平。不过,通常情况下,母乳或配方奶已经提供了新生儿所需的所有营养和水分,因此不必给宝宝额外补充葡萄糖或水。过度补充葡萄糖或水也可能会导致其他健康问题,因此应该在医生的指导下进行。

57. 两三个月的宝宝不是每天都排便,正常吗?

攒肚子是指宝宝吃奶后,食物在肚子里积累而没有排出,有时会导致肚子胀气、疼痛或不适。常见的原因包括进食过多、进食过快、进食过频繁、吞食过多空气、含乳姿势不正确等。

为了预防宝宝攒肚子,可以采取以下措施:母乳喂养的宝宝应该在两次哺乳之间留出足够的时间让宝宝的肚子排空,一般每次喂奶时间控制在 20～30 分钟;喂奶时让宝宝向后倾斜一定角度,以减少吞下的空气;喂奶前、中、后都要给宝宝拍嗝,排出体内积累的气体;要控制好宝宝吃奶的速度,确保宝宝含乳姿势正确;要注意宝宝的口腔卫生。

如果宝宝已经攒肚子了,可以采取以下措施:让宝宝多运动,如给宝宝做腿部按摩、帮宝宝"蹬车",可以促进胃肠蠕动,帮助消化;给宝宝拍嗝,排出体内积累的气体;适度按摩宝宝的腹部,促进胃肠蠕动,有助于排气;可以使用一些缓解宝宝肠胃不适的药物,如乳酸菌素、益生菌,但是要遵医嘱。如果宝宝攒肚子的情况严重,应及时就医。

58. 母乳喂养,妈妈可以喝咖啡吗?

母乳喂养的话,妈妈可以喝咖啡,但需注意咖啡因的摄入量。咖啡因可以进入母乳,过多的咖啡因可能会让宝宝失眠、不安、食欲缺乏。建议妈妈少量喝咖啡并哺乳后观察宝宝的状态,如果宝宝状态不佳,需要减少咖啡因的摄入量或者停止饮用咖啡。一般来说,每天喝 1～2 杯咖啡是安全的,尽量在喂奶后喝咖啡,经过 2～3 小时的消化,咖啡因的影响就比较小了。但是具体的摄入量还是需要根据个人情况和宝宝的反应来决定。

59. 如何给宝宝断奶?

给宝宝断奶需要一定的时间和耐心,以下是一些常见的方法和注意事项。

(1)逐渐减少母乳喂养次数。可以先将一天中的一餐由母乳喂养改为配方奶喂养,之后再逐渐用配方奶替代其他几餐的母乳,直到完全断奶。

(2)替代喂养。可以用配方奶、固体食品等替代母乳,逐渐减少母乳喂养的次数。

(3)逐渐缩短母乳喂养的时间。比如从原来的 30 分钟减少到 20 分钟,再逐渐减少到 10 分钟,最后完全断奶。

(4)妈妈使用紧身衣或乳贴。紧身衣或乳贴可以帮助减轻妈妈胀奶的症状,同时减少母乳分泌。

(5)注意饮食和水分摄入。断奶期间,妈妈要保证足够的饮食和水分摄入,避免乳房胀痛和乳腺炎的发生。

(6)注意乳房卫生。妈妈要保持乳房的清洁和干燥,避免细菌感染和乳头破裂。

断奶过程中,妈妈可能会感到乳房胀痛、情绪低落等不适,这些都是正常现象,可以适当进行按摩、热敷等缓解。如果情况比较严重,建议及时就医。

60. 宝宝"落地醒"怎么办?

很多宝宝被照护者抱着就睡,放下就醒,这叫作"落地醒"。这实际上是因为照护者不了解宝宝的睡眠周期,在放下宝宝时行为太"诡异"。

假设宝宝的睡眠周期(详见第一章)是 45 分钟,那么前 20 分钟是浅睡眠,这时宝宝的眼睛和身体还在微微地动;这之后就是深睡眠,抬起宝宝的胳膊,胳膊会自然垂下。如果宝宝还处在浅睡眠时,照护者就放下宝宝,宝宝很可能会醒。对于月龄较小的宝宝,想避免他们"落地醒",要等他们进入深睡眠再放下。

放下宝宝的时候采用"9 步安睡法"。不要让宝宝头低脚高;一定要先放下宝宝的脚,再放下屁股,再放下后背,再放下头,再抽手;放下的过程中身体贴住宝宝;将宝宝放下后,握住宝宝的手放在宝宝胸前,再拍一拍,如果宝宝不再动的话再离开。

9 步安睡法

61. 宝宝吐泡泡怎么办?

宝宝吐泡泡的原因如下。

(1)奶水过多。宝宝过度吃奶,导致吞食过多的空气,在口中形成泡泡并吐出。

(2)消化不良。宝宝消化不良或肠胃不适时,也可能出现吐泡泡的现象。

(3)牙龈疼痛。宝宝长牙时,牙龈可能会感到疼痛,吐泡泡可以减轻不适。

(4)喉咙不适。宝宝可能会吞下一些异物,如灰尘、毛发,这些异物会刺激喉咙,导致宝宝吐泡泡。

如果宝宝只是偶尔吐一些泡泡,通常是没有问题的。但是,如果频繁出现这种情况,需要尽快就医,以确定是否存在健康问题。3个月后的宝宝还吐泡泡,也不必过于担心,因为宝宝的唾液腺发育时会有大量的口水,或者宝宝正处在口欲期。

吐泡泡也可能是某些疾病的症状,如支气管炎、肺炎、哮喘。正常情况下,宝宝可能会在吃奶或哭闹时吐出些许口水,这些口水会形成小泡泡。但如果宝宝有呼吸困难、咳嗽、发热、食欲缺乏等症状,伴随着吐泡泡,就需要及时带宝宝去医院检查,以确定病因并进行治疗。

62. 宝宝睡觉时摇头、抓脸,是怎么回事?

宝宝睡觉的时候总是摇头、抓头发、抓耳朵、抓脸,怎么办?不要惊慌。首先要排除宝宝长湿疹的可能;如果没有湿疹,很可能是宝宝的前庭没有发育完全的典型表现。前庭是位于内耳的一个器官(详见第二章)。宝宝需要接受科学的早教,以刺激前庭觉,不然,宝宝长大后非常容易晕车、恐高、晕船。

63. 妈妈产褥汗比较多怎么办?

产褥汗是指妈妈产后大量出汗的现象,通常在分娩后24～72小时出现,持续时间长短不一,一般在一周内逐渐减轻。产褥汗主要是由于分娩后体内激素水平下降、新陈代谢速率减缓、体温调节中枢恢复正常等因素引起的。产褥汗的症状包括大量出汗、体温下降、心跳加快、口干咽燥、乏力等。产褥汗虽然是正常的生理现象,但过度出汗可能导致身体脱水,甚至引发其他并发症,因此,妈妈产后应该及时补充水分,并保持良好的卫生习惯,避免感染。另外,妈妈在分娩后也需要适当的休息和充足的营养,以促进身体恢复。出了汗要及时擦干,及时换衣服;可以吃一些利于排汗的食物,如玉米须水、丝瓜汤、冬瓜汤、冬瓜莲藕海带汤。

64. 宝宝手脚冰凉是怎么回事?

宝宝生长规律是"从上到下,从中间向两端,由粗到细,由简单到复杂"。宝宝在发育的过程中,神经系统从中间的向末梢的发育。宝宝明明不冷,手却是凉的,这是因为宝宝的末梢神经没有发育完全,血液循环不畅,是正常的。

在照顾宝宝的时候,要保持室温为 22 ℃ ～ 26 ℃。宝宝不需要穿过多的衣物,穿得太多容易导致热疹。

65. 宝宝"红屁屁"了怎么办?

宝宝"红屁屁"有 3 种情况。

(1)肛周红。这种情况下,妈妈不要吃柑橘类的水果,每周应进行 2 ～ 3 次乳房护理。

(2)屁股、腰以及大腿内侧有红疹。这说明宝宝对尿不湿过敏,要更换尿不湿的型号或品牌,勤换尿不湿,保持干爽,如果还是有红疹,建议改为尿布的护理方式。

(3)仅屁股上有红疹。这通常是热得。宝宝洗屁股的时候,千万不要"擦洗",而要"冲洗";冲洗后不要擦干,而要用棉球蘸干,再用吹风机的低挡位吹干。这样做的目的是避免过度摩擦宝宝屁股娇嫩的皮肤。要给宝宝的屁股上涂抹油性护臀霜,再穿尿不湿。切记:只有在皮肤干燥的前提下才能涂抹油性护臀霜,否则油性护臀霜包裹着水分,更容易让宝宝的屁股起红疹。涂抹油性护臀霜后不要晒太阳,直接穿尿不湿就可以了。

66. 如何让宝宝晒太阳补钙?

玻璃能阻挡紫外线 B(详见第二章),因此,在家透过玻璃晒太阳并不能很好地补充维生素 D 进而促进钙吸收。最好的方式是带宝宝到户外阳光充足的地方,如公园、露天游泳池,让宝宝在阳光不强的情况下晒太阳。如果要给宝宝补钙,一定要口服维生素 D。

67. 什么是间擦疹?

间擦疹是一种常见的皮肤问题,也被称为"红臀疹"或"尿布疹"。它是因为宝宝的皮肤长时间接触尿布和大小便,受到刺激,从而产生的皮肤炎症。尿布摩擦和湿度是间擦疹的主要原因。间擦疹通常出现在宝宝的腿部、臀部和生殖器周围的区域。症状包括红肿、起皮、破皮、疼痛等。

68. 宝宝的脖子红红的,腹股沟也是,怎么回事?

宝宝经常"淹脖子",也就是脖子一圈红红的。另外,腋下、腹股沟也经常发红,俗称"淹了"。

对此类情况的处理要领是洗完后保持干燥。宝宝的脖子、腹股沟或者皮肤褶皱处出汗后,可以用棉签蘸干,再涂抹抚触油进行保护,以此保持干燥。蛋黄油也是一种非常好的选择。平常多让宝宝做抬头训练。千万不要乱抹保湿乳、保湿霜或激素类药物。

69. 宝宝脸上长小白点怎么办?

新生儿脸上会有一些像脂肪粒一样的白色小点,尤其是鼻子区域,这通常是粟粒疹。粟粒疹是一种常见的皮肤问题,通常出现在宝宝的面部和四肢。粟粒疹为白色或黄色,一般直径为 1～2 毫米,摸起来感觉粗糙。粟粒疹的出现与油脂腺的发育有关,很多宝宝出生后由于激素水平的变化,油脂腺分泌的油脂有时会堵塞在皮肤表面,形成粟粒疹。粟粒疹通常不会引起宝宝的不适或疼痛,也不会导致并发症。粟粒疹通常会自行消失,不需要特别的治疗。但如果宝宝有其他症状,如发烧或皮肤感染,建议及时就医。

70. 可以给宝宝捏鼻梁吗?

有的家长担心宝宝鼻子塌而给宝宝捏鼻梁,这是不科学的做法。宝宝鼻梁处的软骨在出生后仍在发育,如果频繁地捏压宝宝的鼻梁,可能会影响鼻梁的正常发育,导致鼻梁变形。此外,如果控制不好力度,还有可能导致鼻梁骨折等严重后果。因此,不要频繁捏压宝宝的鼻梁。至于宝宝的鼻子会长成什么样子,这是遗传因素决定的。

71. 能给宝宝挤乳头吗?

宝宝的乳头非常娇嫩和敏感,挤宝宝的乳头可能会引起乳头感染或炎症。挤乳头也可能会导致宝宝对乳头和哺乳产生负面联想,使哺乳过程更加困难。

72. 能不能给宝宝把屎把尿?

给宝宝把屎把尿会使宝宝失去自我清洁的能力,并且也会让宝宝依赖大人的帮助来解决大小便问题,不利于宝宝的健康成长和独立性的培养。此外,如果不注意卫生和消毒,还可能导致宝宝感染疾病。因此,应该尽量让宝宝自主完成大小便的过程,提供适时引导,帮助宝宝养成良好的卫生习惯。

73. 宝宝有头垢怎么办?

宝宝的头垢是指宝宝头上黄黄的痂,有时候也会出现在眉毛上,叫作脂溢性皮炎。这种情况不可以用沐浴乳揉搓,也不能抠,而应该用抚触油泡软,再用棉签清理,之后涂抹保湿乳。

74. 宝宝奶睡怎么办?

宝宝奶睡有不少危害(详见第三章)。如果宝宝喝着奶睡着了,一定要用捏鼻子、挠脚心等方式把宝宝唤醒,让宝宝继续吃奶。如果宝宝吃饱后含着乳头或奶嘴睡着了,要把乳头或奶嘴拿出来。要用哄睡的方式培养宝宝的睡眠习惯。

75. 妈妈的饮食对母乳的味道有影响吗?

妈妈的饮食对母乳的味道和营养成分都有一定的影响。一些食物如洋葱、大蒜、辣椒的味道,会通过母乳传递给宝宝,影响宝宝对母乳的接受程度。此外,妈妈摄入的营养物质如脂肪、蛋白质、维生素,也会影响母乳的营养成分,从而影响宝宝的营养摄入和健康发育。因此,妈妈应该尽量保持饮食均衡和多样化,少食用刺激性食物,以确保母乳的质量和营养价值。

76. 什么是"5S 安抚法"?

美国儿科医生哈韦·卡普提出了安抚宝宝的"5S 安抚法"。"5S"分别指襁褓(swaddling)、侧卧 / 俯卧(side/stomach position)、嘘声(shushing)、摇晃(swinging)、吮吸(sucking)。宝宝在出生后的前 3 个月,还需要拥抱的感觉。"5S 安抚法"正是模拟子宫的环境来安抚宝宝。

(1)襁褓法:准备一块方形的柔软布料,纱棉的也可以,稍有弹性的也行,为宝宝包好襁褓。注意:宝宝的手臂要垂放在身体两侧;手臂的部分可以包裹得紧一些,但腿部要松一些;颈背部的包裹不能太紧也不能太松,可以伸进手指试一下,如果两个手指刚好可以伸进襁褓,那么松紧度刚好。

(2)侧卧 / 俯卧法:侧卧或俯卧更接近于宝宝在妈妈子宫里的姿势,让宝宝感到安全;而宝宝哭闹时如果仰卧,容易产生往下掉的感觉,会更加不安。抱起安抚宝宝时,可以采用以下姿势:让宝宝面向外,趴在你的左臂上,宝宝的腹部正对你的手臂,你的左手托住宝宝的头部,宝宝的背部靠在你的前胸,四肢从你的左前臂两侧自然垂下。注意:这些姿势仅限于安抚宝宝时使用,如果宝宝已经平静下来,仰卧才是最安全的选择。

（3）嘘声法：我们听着觉得有些刺耳的嘘声，却是宝宝耳中最美的音乐，因为嘘声类似于宝宝在妈妈子宫时听到的声音。在使用嘘声时，一定要贴近宝宝的耳边；宝宝哭声大，嘘声就相应增大，这样才能起到安抚作用。如果觉得发出嘘声太费力气，也可以用其他的白噪声来代替，如吹风机、吸油烟机、吸尘器的声音，或者瀑布声、雨声、海浪声。

（4）摇晃法：宝宝在妈妈子宫里时，大多时间是在晃动着，所以适度的摇晃可以让宝宝找到熟悉的感觉而平静下来。摇晃时，托住宝宝的头部和颈部做快速的小幅度摇晃，就像发抖一样；摇晃时，宝宝的头部要与身体保持在一条直线上，不能扭向相反方向。而且要注意：一定要把宝宝的安全放在首位，如果把握不住动作要领，最好采用其他安抚方法。

（5）吮吸法：吮吸包括吃手、吸乳头、吸安抚奶嘴等。如果是使用安抚奶嘴，要先让宝宝尝试接受安抚奶嘴：把安抚奶嘴放到宝宝嘴里，当宝宝含住时，轻轻往外拽奶嘴，好像要夺走它，这样宝宝才会更加用力地吸住奶嘴。如果想纯母乳喂养宝宝，请不要使用安抚奶嘴，尤其是出生后3周内，否则很容易导致母乳喂养的失败。如果想使用安抚奶嘴帮助宝宝入睡，那么从一开始就要限定使用的时间与场合。在宝宝入睡后及时拿出奶嘴，避免形成过于强烈的依赖。如果担心对宝宝牙齿产生不良影响，可以选择正畸奶嘴。不要在安抚奶嘴上系绳子，以免发生缠绕窒息的危险；也不要在安抚奶嘴上蘸糖来吸引宝宝。

以上5种方法可单独使用，也可叠加使用。对于有的宝宝，用一种方法就能使其安静下来；有的宝宝，只有一两种方法有效；还有的宝宝，需要叠加使用多种方法才有效。

"5S安抚法"只适合0—3个月宝宝，3个月后要逐渐戒掉"5S安抚法"。戒掉的顺序如下：先停用吮吸法，接着停用摇晃法，然后停用襁褓法，最后停用嘘声法。一定要在宝宝还迷糊时就将他放下，让宝宝学会自己入睡。因为宝宝一旦平静下来，就非常容易入睡了。

结语

吾言甚易知,甚易行。天下莫能知,莫能行。言有宗,事有君,夫唯无知,是以不我知。知我者希,则我者贵。是以圣人被褐而怀玉。

——《道德经》第七十章

释义/

老子的这段话是说：自己的思想理论比较容易掌握，比较容易做，当今天下人却都不想去掌握这种理论，都不想去实践这种理论。写文章和做事情都有明确的指导思想，绝不能凭空乱造。人们正是因为不愿意掌握这种理论，所以不能够掌握主动权。实际上能够理解自己的人非常少，能够以自己所讲的理论为指导做事的人就非常可贵了。

我的心声/

老子的《道德经》能够经久不衰，成为人们思想的重要指导，是因为其中有深刻的内涵。育儿之路上知道"无药护理，预防为主"理念的人很多，但能坚持做到的人却非常少。

在写本书的自序时，我想把育儿和《道德经》结合起来与大家探讨育儿的智慧，写完后我发现，"育儿"本身就是一本智慧的书，里面是我们与宝宝共同书写的珍贵篇章。通过"育儿"这本书，我们了解到育儿的道路上充满了挑战和机遇，是一个让我们不断学习和成长的旅程。

在"育儿"这本书中，我们学会了倾听宝宝的声音，了解他们的需求和情感，与他们建立深厚的亲子关系。我们探索了营养、睡眠、发育和早期教育等方面的知识，为宝宝提供了良好的成长环境。

同时，"育儿"这本书也提醒我们要保持谦逊和开放的心态，尊重每个宝宝的个体差异，理解他们在不同发展阶段的需求。我们学会了以爱和耐心引导他们，给予他们足够的自由和探索空间。

育儿是一项伟大的责任，也是一种无尽的喜悦和奉献。每一次与宝宝的互动都是宝贵的，宝宝的每一个成长瞬间都是奇迹。宝宝是我们最珍贵的财富，他们的笑容和成就是我们最大的骄傲。

无论我们面临怎样的困难和挑战，都不要忘记"育儿"这本智慧的书，我们可以在其中找到答案和启示。让我们以关爱和理解的心态，继续书写这本书，为宝宝创造一个美好的未来。

谢谢你阅读本书。希望本书的知识和观点能对你在育儿道路上有所帮助。祝愿你和你的宝宝健康、快乐！

最后，愿每个家庭都能书写属于自己的精彩育儿篇章！